国家节水型城市工作手册

许　萍　刘　红　沈伟泉　范升海　周红霞　主　编

图书在版编目（CIP）数据

国家节水型城市工作手册/山东省城镇供排水协会
组织编写；许萍等主编．--北京：中国建材工业出版
社，2020.4（2020.6重印）
ISBN 978-7-5160-2834-6

Ⅰ.①国… Ⅱ.①山… ②许… Ⅲ.①城市用水—节
约用水—中国—手册 Ⅳ.①TU991.64-62

中国版本图书馆CIP数据核字（2020）第036406号

国家节水型城市工作手册
Guojia Jieshuixing Chengshi Gongzuo Shouce
山东省城镇供排水协会组织编写
主编 许 萍 刘 红 沈伟泉 范升海 周红霞

出版发行：中国建材工业出版社
地　　址：北京市海淀区三里河路1号
邮　　编：100044
经　　销：全国各地新华书店
印　　刷：北京雁林吉兆印刷有限公司
开　　本：787mm×1092mm 1/16
印　　张：9.5
字　　数：225千字
版　　次：2020年4月第1版
印　　次：2020年6月第2次
定　　价：**66.00元**

序　言

  我国是一个缺水的国家，人均水资源占有量不足 2000m³，仅为世界人均水平的四分之一，水污染及水资源的过度开发更加剧了水资源的紧缺。开展节水型城市创建活动是推动我国转变用水模式、提高用水效率的重要途径，也是推动绿色城镇化发展，贯彻落实习近平总书记提出的"以水定城、以水定地、以水定人、以水定产"的具体行动。

  城市节水工作大致经历了三个历史阶段：第一阶段是中华人民共和国成立初期到改革开放前，当时节水的目的就是解决城市供水设施短缺、供水能力不足的问题；第二阶段是改革开放后，城镇化进程加快，水资源紧缺的问题日益显现，基础设施短缺与资源短缺并存，城市节水工作的理念转为"开源与节流并重"；第三阶段是进入新世纪以来，针对快速发展的工业化、城镇化伴随产生的"水少"与"水脏"的资源环境问题，提出"科学发展、节水减排"的理念，即从满足工业化、城镇化需求的被动节水转为创造优美生态环境、可持续发展的主动节水，实施全社会节水行动，推动用水方式由粗放向集约转变。

  自 2001 年原建设部与国家发展改革委共同组织节水型城市创建活动以来，城市节水工作取得了明显的实效：一是形成了一整套行之有效的城市节水法律、法规；二是加强城市节水的组织领导，建立了一套有效的管理制度；三是通过科技创新，凝练了一批城市节水的实用技术；四是营造了全民节水的社会氛围。本世纪以来我国城镇化水平提高了近一倍，城镇节水工作的推动使得城镇人均综合用水量处于逆向增长趋势，从 220 升/（人·日）降至目前的 175 升/（人·日），有力地支撑了我国城镇化的健康发展。截至目前，全国已有 23 个省市区的 100 个城市先后获得"国家节水型城市"的称号，起到了很好的示范带头作用。山东省是位居国家节水型城市创建数量前列的省份之一。

  山东省城镇供排水协会结合多年开展城镇节水工作的经验，组织编写了《国家节水型城市工作手册》，解读《国家节水型城市申报与考核办法》《国家节水型城市考核标准》有关政策和要求，选取典型案例予以剖析，极具规范性、实用性，是一本很好的工具参考书。相信《国家节水型城市工作手册》的发行，对推动城市节水工作向纵深发展，提高各地城市节水的精细化管理水平会起到积极的作用。

中国城镇供水排水协会会长

2019 年 12 月 25 日

前　言

国家节水型城市自 2001 年创建以来，对我国转变用水模式、提高用水效率、加强资源节约和源头减排发挥了重要作用。为进一步推动节水型城市建设，提高城市节水管理水平，响应习近平总书记在黄河流域生态保护和高质量发展座谈会上"推进水资源节约集约利用"的号召，山东省城镇供排水协会立项组织编写了《国家节水型城市工作手册》（简称《手册》）。

《手册》以《国家节水型城市申报与考核办法》《国家节水型城市考核标准》为依据，共分为 5 章，包括背景、历程与管理要求，申报书解读与示例，考核指标解读与示例，现场考核准备工作与注意事项，城市节水基础数据统计表与填写要求。

《手册》由山东省城镇供排水协会组织编写，许萍、刘红、沈伟泉、范升海、周红霞参与编写，许萍定稿，黄晓家、郑克白、高伟参与审稿，宋晶、宋宜林、周广安参与校稿。

《手册》发行之际，衷心感谢中国城镇供水排水协会、山东省住房和城乡建设厅、山东省城乡规划设计研究院、山东中天城乡规划设计有限公司等单位领导的关心与支持。

《手册》力求简明实用，由于编写时间仓促，且编者均系兼职撰稿，内容难免有不足之处，敬请指正。

山东省城镇供排水协会

2019 年 12 月 25 日

目　录

第一章　背景、历程与管理要求

一、背景与意义

水是生命之源、生产之要、生态之基。我国人多水少，水资源时空分布不均，供需矛盾突出，部分地区节水意识不强、用水粗放、浪费严重，水资源利用效率低，水资源短缺已经成为生态文明建设和经济社会可持续发展的瓶颈。

党的十八大提出了构建社会主义和谐社会、加快生态文明建设的要求，把生态文明建设纳入了中国特色社会主义事业总体布局，使生态文明建设的战略地位更加明确，有利于把生态文明建设融入经济建设、政治建设、文化建设、社会建设各方面和全过程。

党的十九大报告中提出，必须树立和践行绿水青山就是金山银山的理念，坚持节约资源和保护环境的基本国策，像对待生命一样对待生态环境，统筹山水林田湖草系统治理，实行最严格的生态环境保护制度，形成绿色发展方式和绿色生活方式。推进资源全面节约和循环利用，实施国家节水行动，坚定不移贯彻创新、协调、绿色、开放、共享的发展理念。这与新时期节水优先、空间均衡、系统治理、两手发力的治水方略是一致的。

坚持节水优先的治水方针，把节水作为解决我国水资源短缺问题的重要举措，贯穿到经济社会发展全过程和各领域。坚持以水定城、以水定地、以水定人、以水定产，把水资源作为经济社会发展的最大刚性约束条件。建设国家节水型城市，正是实施国家节水行动的一个最有力的国家级行动。

国务院《关于印发水污染防治行动计划的通知》（国发〔2015〕17 号）及国家发展改革委、水利部《关于印发〈国家节水行动方案〉的通知》（发改环资规〔2019〕695号）规定，到 2020 年，地级及以上缺水城市全部达到国家节水型城市标准。

住房城乡建设部十分重视国家节水型城市创建工作，《关于印发生态园林城市申报与定级评审办法和分级考核标准的通知》（建城〔2012〕170 号）和《关于印发中国人居环境奖评价指标体系和中国人居环境范例评选主题的通知》（建城〔2016〕92 号）中规定，国家节水型城市是生态园林城市和中国人居环境奖的前提条件之一。

二、发展历程

20 世纪 80 年代初，全国部分缺水城市设立了城市节水管理机构，相继开展了城市节水工作，城市节水工作开始起步。

1988 年 11 月 30 日，国务院批准了《城市节约用水管理规定》，并以建设部第 1 号部令的形式发布。

1996 年，建设部、国家经贸委、国家计委联合下发了《关于印发〈节水型城市目标导则〉的通知》(建城字第 593 号),提出了包括基础管理(10 项)和考核指标 6 大类(18 项)共 28 项指标,从此拉开了全国创建国家节水型城市的序幕。

1998 年 3 月,建设部印发了《关于开展创建节水型城市试点工作的通知》,具体部署了节水型城市的试点工作。

2000 年,国务院发布了《关于加强城市供水节水和水污染防治工作的通知》(国发〔2000〕36 号),开始组织和部署节水型城市的创建工作。

2001 年 3 月,建设部、国家经贸委联合下发《关于进一步开展创建节水型城市活动的通知》(建城〔2001〕63 号),第一次正式部署了节水型城市的创建工作,节水型城市的创建工作由此开始。

2002 年,建设部、国家经贸委联合组织了第一批节水型城市考核,北京、济南等十个城市被命名为第一批"全国节水型城市"。以后每两年举行一次申报考核工作。

2004 年,建设部、国家发展改革委印发了《关于全面开展创建节水型城市活动的通知》(建城〔2004〕115 号),掀起了争创节水型城市的高潮。

2006 年,建设部、国家发展改革委下发了《关于印发〈节水型城市申报与考核办法〉和〈节水型城市考核标准〉的通知》(建城〔2006〕140 号),对节水型城市创建和考核做了全面的修订与调整,修订后的考核标准包括基本条件(6 项)、基础管理指标(5 项)、技术考核指标(11 项)和鼓励性指标(3 项)共 25 项指标,创建节水型城市工作进入了一个标准化、常态化的阶段,标志着创建工作进入了一个新的阶段,取得了阶段性成效。

同年,国家发展改革委组织制定《节水型企业评价导则》(GB/T 7119—2006)。

2012 年 4 月,住房城乡建设部、国家发展改革委再次修订并印发了《国家节水型城市申报与考核办法》和《国家节水型城市考核标准》(建城〔2012〕57 号),将考核指标优化为基本条件(5 项)、基础管理指标(6 项)和技术考核指标(15 项)共 26 项,将名称修改为国家节水型城市,节水型城市创建进入规范化阶段。

2015 年,住房城乡建设部和国家质检总局联合发布了《城市节水评价标准》(GB/T 51083—2015)。评价指标体系由基本条件、基础管理、综合节水、生活节水、工业节水和环境生态节水 6 类评价项目,34 项指标组成;基本条件评价项目为基本项,其他 5 类评价项目为控制项和优选项;设置了城市节水Ⅰ级、Ⅱ级、Ⅲ级;明确按单因子方法进行评价,并提出城市节水等级评价需要满足的评价指标数目。

2018 年 2 月,住房城乡建设部、国家发展改革委再次修订印发了《国家节水型城市申报与考核办法》和《国家节水型城市考核标准》(建城〔2018〕25 号),修订后的考核标准包括基本条件(5 项)、基础管理指标(7 项)和技术考核指标(13 项)共 25 项指标。

与此同时,为了提高城市居民节水意识,原建设部确定从 1992 年开始,每年 5 月 15 日所在的周确定为"全国城市节水宣传周",至 2019 年已经开展了 28 届集中宣传活动。宣传周每年确定不同的活动主题,旨在动员广大市民共同关注水资源,营造全社会的节水氛围,树立绿色文明意识、生态环境意识和可持续发展意识,使广大市民在日常生活中养成良好的用水习惯,促进生态环境改善,人与水和谐发展,共同建设碧水家园。每年各个城市通过开展系列活动,有助于提高全社会对节水工作重要现实意义和长远战略意义的认识，有助于增加投入开发推广应用节水的新工艺、新技术、新器具，有助于提高城市综合用水效率和节水水平。

目前，全国开展了 9 批国家节水型城市创建工作，有 100 个城市创建成为国家节水型城市，创建工作取得了显著成效。国家节水型城市名单详见附录 4。

三、工作内容与要求

国家节水型城市工作包括申报、考核、复查与动态管理四个阶段，日常工作由住房城乡建设部城建司负责，总体要求如下：

（1）申报范围：全国设市城市。县城节水工作考核由省级住房城乡建设会同发展改革（经济和信息化委、工业和信息化厅）部门参照《国家节水型城市申报与考核办法》（建城〔2018〕25 号）执行。

（2）申报条件：申报国家节水型城市，须通过省级节水型城市评估考核满一年（含）以上。被撤销国家节水型城市称号的城市，三年内不得重新申报。

（3）申报时间和考核年限：国家节水型城市申报考核工作每两年进行一次，接受申报为双数年；复查自命名当年起每四年进行一次。住房城乡建设部、国家发展改革委在组织考核或复查评审当年的 6 月 30 日前受理申报或复查材料。

（4）考核范围：各指标除注明外，考核范围均为市区。节水型器具普及考核范围是城市建成区。

市区是指设市城市本级行政区域，不包括市辖县和市辖市；城市建成区是指城市行政区规划范围内已成片开发建设、市政公用设施和公共设施基本具备的区域。

住房城乡建设部、国家发展改革委负责组建国家节水型城市考核专家委员会，其成员由管理人员和技术人员组成。

国家节水型城市考核专家委员会负责对申报城市进行创建工作技术指导、申报材料预审、现场考核及综合评审等具体工作。

申报城市要实事求是准备申报材料，数据资料要真实可靠，不得弄虚作假；若发现造假行为，取消当年申报资格。

四、申报管理

1. 国家节水型城市申报程序如图 1-1 所示。

（1）申报城市按照《国家节水型城市考核标准》的要求进行自审，达标后分别报所在省、自治区住房城乡建设厅与发展改革委（经济和信息化委、工业和信息化厅）进行初审。

（2）省、自治区住房城乡建设厅与发展改革委（经济和信息化委、工业和信息化厅）按照《国家节水型城市考核标准》进行审核，提出初审意见，对初审总分达 90 分以上的城市，可联合上报住房城乡建设部、国家发展改革委。

直辖市自审达标后，以市人民政府名义将申报材料直接报住房城乡建设部、国家发展改革委。

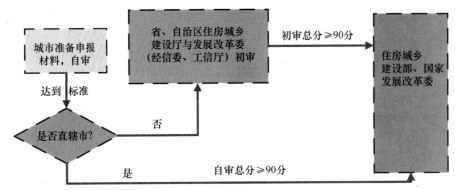

图 1-1　创建申报程序

2. 申报材料具体要求

（1）书面申报材料一式三份，并附电子版光盘两份。

（2）材料要全面、简洁，每套申报材料按申报书、基本条件、基础管理考核指标、技术考核指标分四册装订。

各项指标支撑材料的种类、出处及统计口径要明确、统一，有关资料和表格填写要规范；为便于查阅，每册材料应相对独立、完整、准确，每个指标应有计算过程或说明、有总结有结论、有完整的证据支撑。

五、考核管理

住房城乡建设部、国家发展改革委受理申报后，即进入考核工作阶段。

考核工作程序与主要内容如图 1-2 所示。

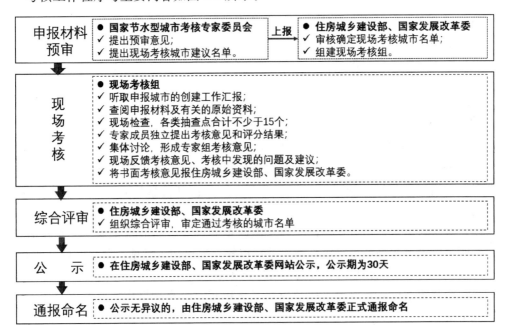

图 1-2　考核工作程序与主要内容

1. 申报材料预审

材料预审通常包括格式审查和内容审查两个方面，其中前者重点审核材料的完整性与规范性，后者重点审核指标的完成情况与达成度。

国家节水型城市考核专家委员会负责完成材料预审，形成预审意见，并提出现场考核城市的建议名单，报住房城乡建设部、国家发展改革委审核。

2. 现场考核

对通过预审的城市，住房城乡建设部、国家发展改革委将组织现场考核组进行现场考核。申报城市至少应在考核组抵达前两天，在当地不少于两个主要媒体上向社会公布考核组工作时间、联系电话等相关信息，便于考核组听取各方面的意见和建议。现场考核主要程序如下：

（1）听取申报城市的创建工作汇报。

（2）查阅申报材料及有关的原始资料。

（3）专家现场检查，按照考核内容，各类抽查点合计不少于 15 个。

（4）考核组专家成员在独立提出考核意见和评分结果的基础上，经专家组集体讨论，形成专家组考核意见。

（5）就考核意见、考核中发现的问题及建议进行现场反馈。

（6）现场考核组将书面考核意见报住房城乡建设部、国家发展改革委。

3. 综合评审

住房城乡建设部、国家发展改革委共同组织综合评审，根据现场考核情况，审定通过考核的城市名单。

4. 公示及通报命名

综合评审审定通过的城市名单将在住房城乡建设部、国家发展改革委网站进行公示，公示期为 30 天。公示无异议的，由两部委正式通报命名。

六、动态管理与复查

1. 动态管理

获得国家节水型城市称号的城市，在非复查年份，需每年登录"城镇节水管理及项目库"，按时填报"城市节水数据统计报表"，每两年上报一次国家节水型城市工作报告。上报截止日期为当年的 8 月 31 日。

2. 复查程序与要求

获得国家节水型城市称号的城市，自命名当年起每四年进行一次复查。在复查年份，需按规定上报被命名为国家节水型城市（或上一复查年）以后的节水工作总结，特别是针对最近一次专家组考核意见的整改情况，以及表明达到国家节水型城市有关要求的各项汇总材料和逐项说明材料，并附有计算依据的自查评分结果。

复查程序如图 1-3 所示。

（1）复查年的 6 月 30 日前，省、自治区住房城乡建设厅会同发展改革委（经济和信息化委、工业和信息化厅）组织对本省（区）的国家节水型城市进行复查，住房城乡建设部、国家发展改革委将委派 1～2 名专家委员会专家参加省（区）内复查工作。

各省（区）于同年 7 月 15 日前将复查报告（附电子版）报住房城乡建设部、国家

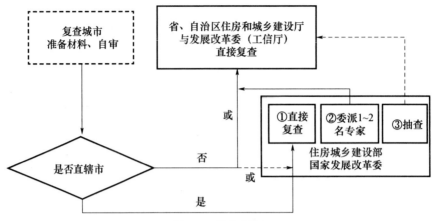

图 1-3　复查程序

发展改革委。

（2）住房城乡建设部、国家发展改革委根据省级复查情况进行抽查，也可视情况直接组织对城市进行复查。

（3）直辖市于 6 月 30 日前将自查材料上报住房城乡建设部、国家发展改革委，由两部委组织复查。

对经复查不合格的城市，住房城乡建设部、国家发展改革委将给予警告，并限期整改；整改后仍不合格的，撤销国家节水型城市称号。对不按期申报复查、连续两次不上报城市节水工作基础数据或工作报告的城市，撤销国家节水型城市称号。

第二章　申报书解读与示例

申报书应单独编制成册，其主要内容及要求如下：

1. 城市人民政府或经城市人民政府批准的国家节水型城市申报书

申报城市人民政府向省级住房城乡建设、发展改革（经济和信息化、工业和信息化）主管部门提出创建国家节水型城市的函或要求进行国家节水型城市复查的函，函中应注明已按照《国家节水型城市考核标准》要求进行自审并达到考核标准要求。

2. 省级住房城乡建设和发展改革（经济和信息化、工业和信息化）主管部门的初审意见

省级住房城乡建设和发展改革（经济和信息化、工业和信息化）主管部门按照《国家节水型城市申报与考核办法》《国家节水型城市考核标准》的要求，按程序进行审核，并联合上报"关于××省、自治区住房城乡建设厅与发展改革委（经济和信息化委、工业和信息化厅）对××市国家节水型城市初审意见"，上报函中应已注明按照《国家节水型城市考核标准》要求进行初审并达到考核标准要求。

3. 国家节水型城市创建（或复查）工作组织与实施方案

（1）工作组织

① 工作职责：国家节水型城市创建（或复查）工作组织由议事协调机构负责。主要职责包括：实施对本市国家节水型城市创建或复查工作的组织领导；按照《国家节水型城市考核标准》要求，起草创建或复查工作实施方案；研究制定工作中遇到的突出问题的具体措施；对本市国家节水型城市创建或复查工作进行督查、指导；做好本市国家节水型城市创建或复查的各项准备工作。

② 组织名称：根据城市具体情况自行拟定。一般为××市创建（或复查）国家节水型城市工作领导小组或××市国家节水型城市复查迎检工作领导小组；也可两者合一为××市建设国家节水型城市工作领导小组。

③ 成员组成：领导小组应由市政府主要领导担任组长，市府办（厅）、城市节水行政主管部门、发展改革、工业和信息化（经济和信息化）、教育、公安、财政、住房城乡建设、生态环境、自然资源、水利（务）、卫生健康、市场监管、统计、城管、各相关区人民政府（县级市为各街道办事处）等相关部门的领导为成员，也可有宣传部门、编委办参与。领导小组可下设办公室，办公室一般设在城市节水行政主管部门，具体负责日常工作。

（2）实施方案

① 方案标题：××市创建（或建设）国家节水型城市实施方案。

② 时间要求：一般在申报或复查前两年制订。

③ 发文规格：以市人民政府名义下发。

④ 方案内容：包括指导思想（或目的意义）、工作目标、工作任务、实施步骤、保障措施、各项考核指标任务分解等。

4. 国家节水型城市创建（或复查）工作总结

创建工作总结应包括城市基本情况，城市节水工作开展情况，对照《国家节水型城市考核标准》落实情况，节水实效，城市节水工作的成绩、特色和亮点，存在的问题，下一步工作努力方向等内容。

复查工作总结应包括针对最近一次专家组考核意见的整改情况，被命名为国家节水型城市（或上一复查年）以后城市节水工作开展情况，对照《国家节水型城市考核标准》落实情况，城市节水工作的成绩、特色和亮点，节水实效，存在的问题，下一步工作努力方向等内容。

5. 《国家节水型城市考核标准》各项指标汇总材料及说明、自评结果及有关依据资料

对 25 项指标逐一简要说明，提供计算过程、依据和有关资料，提出自我评分结果。国家节水型城市考核自评打分表案例如表 2-1、表 2-2 所示。

表 2-1　国家节水型城市考核基本条件自评打分表

序号	指标	考核内容	评分标准	填写内容	自评得分
1	法规制度健全	1.1 城市节水相关法规制度是否健全	一票否决	□健全；□不健全	
		1.2 是否有城市节水管理规定、奖惩办法		□有；□无	
		1.3 是否有近两年奖惩台账及通告等材料		□有；□无	
2	城市节水机构依法履责	2.1 城市节水管理主管部门是否明确；是否有城市节水管理机构职责、工作机制和制度等材料	一票否决	□有；□无	
		2.2 是否有近两年城市节水的日常培训和管理记录等材料		□有；□无	
		2.3 是否有城市节水技术与产品推广台账及证明材料		□有；□无	
3	建立城市节水统计制度	3.1 是否有城市节水统计制度批准文件（2年以上）	一票否决	□有；□无	
		3.2 城市节水统计内容是否符合地方文件要求，是否全面、详尽		□是；□否	
		3.3 是否有齐全的城市节水管理统计报表和全市基本情况汇总统计报表		□有；□无	
4	建立节水财政投入制度	4.1 是否有稳定的年度政府节水财政投入	一票否决	□有；□无	
		4.2 是否有财政部门用于节水的年度预算和批复文件		□有；□无	
5	全面开展创建活动	5.1 是否成立创建工作领导小组和制定创建工作方案	一票否决	□是；□否	
		5.2 是否开展节水型企业、单位、居民小区创建活动		□开展；□未开展	
		5.3 通过省级节水型城市评估考核是否满一年		□是；□否	
		5.4 是否有全国城市节水宣传周、世界水日等节水宣传活动资料；是否经常开展日常宣传		□是；□否	

表2-2　国家节水型城市考核基础管理及技术指标自评打分表

序号	指　标	考核内容	评分标准	完成情况 考核前2年	完成情况 考核前1年	自评得分 分项	自评得分 指标
6	城市节水规划（8分）	6.1 是否有城市节水中长期规划（相应资质机构编制）及批文	有规划和批准文件资质符合要求，得3分	□符合；□基本符合；□不符合	□符合；□基本符合；□不符合		
		6.2 城市节水规划期限及内容是否符合标准要求	符合标准得3分	□符合；□基本符合；□不符合	□符合；□基本符合；□不符合		
		6.3 城市节水规划是否执行并落实到位	执行并落实到得2分	□执行并落实到位；□基本到位；□未落实	□基本到位；□未落实		
7	海绵城市建设（6分）	7.1 海绵城市建设规划是否编制完成	编制完成得2分	□是；□否	□是；□否		
		7.2 是否制订海绵城市规划建设管控制度，近两年是否实施"一书两证"等支撑材料	有制度并实施得2分	□有制度；□无制度 □实施；□未实施	□有制度；□无制度 □实施；□未实施		
		7.3 已建成海绵城市的区域内易涝点个数	无易涝点得2分；每有1个扣1分	□无；□有__个	□无；□有__个		
8	城市节水资金投入（8分）	8.1 城市节水财政资金投入占本级财政支出的比例（‰）	≥0.5‰得4分	__%	__%		
		8.2 城市节水资金投入占本级财政支出的比例（‰）	≥1‰得4分	__%	__%		
9	计划用水与定额管理（8分）	9.1 全市用水量排名前10位（地级市）或前5位（县级市）的主要用水行业是否实行计划用水，核定的用水定额	均有得2分；缺一项扣0.25分	□有；缺__项	□有；缺__项		
		9.2 公共供水的非居民用水是否实行计划用水，核实力是否科学计划用水率是否达90%	实行计划用水并科学计划用水率≥90%得3分；每低5%扣0.5分	□实行科学；□实行但不科学；□未实行 __%	□实行但不科学；□未实行 __%		
		9.3 制订超定额累进加价具体实施办法或细则并实施	有并实施得2分	□有并实施；□有未实施；□均无	□有未实施；□均无		
		9.4 建立用水单位重点监控名录采取用水监控措施	有名录并监控得1分	□有名录并监控；□有名录未监控；□均无	□有名录未监控；□均无		

序号	指标	考核内容	评分标准	完成情况 考核前2年	完成情况 考核前1年	自评得分 分项	自评得分 指标
10	自备水管理（5分）	10.1 取水许可手续完备，自备水实行计划开采和取用	手续完备并实行得1分	□是；□否	□是；□否		
		10.2 自备水计划用水率（%）	≥90%得1分	___%	___%		
		10.3 自备井关停率（%）	达100%得2分，每低5%扣0.5分	___%	___%		
		10.4 在地下水超采区，连续两年无各类新增取用地下水	无新增得1分	□无；□有	□无；□有		
11	节水"三同时"管理（5分）	11.1 有市有关部门联合下发的节水"三同时"管理的文件	有管理文件得1分	□有；□无			
		11.2 有节水"三同时"制度的实施程序	有实施程序得1分	□有；□无			
		11.3 有节水设施项目审核、竣工验收资料或"三同时"审核意见	有审核意见得3分	□有；□无	□有；□无		
12	价格管理（10分）	12.1 水资源费（税）征收率（%）	≥95%得2分，每低2%扣1分	___%	___%		
		12.2 污水处理费（含自备水）收缴率（%）	≥95%得3分，每低5%扣1分	___%	___%		
		12.3 污水处理费收费标准不低于国家或地方标准	不低于国家或地方标准得1分	□是；□否	□是；□否		
		12.4 有特种行业水价价格指导意见或水价标准	有指导意见或水价标准得1分	□有；□无	□有；□无		
		12.5 有再生水价格指导意见或水价标准	有指导意见或价格标准得1分	□有；□无	□有；□无		
		12.6 实施水价调整成本公开和定价成本监审公开制度	实施成本和监审公开制度得1分	□实施；□未实施	□实施；□未实施		
		12.7 居民用水实行阶梯水价	实行阶梯水价得1分	□实行；□未实行	□实行；□未实行		
13	万元地区生产总值（GDP）用水量（4分）	13.1 万元地区生产总值用水量（不含一产，m³/万元）	低于全国平均值的40%或年降低率≥5%得4分	低于___%	低于___%		
		13.2 或万元地区生产总值用水量低降率（不含一产）（%）		降低___%	降低___%		

续表

序号	指标	考核内容	评分标准	完成情况 考核前2年	完成情况 考核前1年	自评得分 分项	自评得分 指标
14	城市非常规水资源利用（6+1分）	14 □京津冀：城市再生水利用率（%）	京津冀区域再生水利用率≥30%；缺水城市再生水利用率≥20%，非常规水资源替代率≥5%或得6分；每低1%或扣1分；同出标准水资源源替代5%加1分，最高加1分	___%	___%		
		14 □缺水城市：城市再生水利用率（%） 14 □非缺水城市：城市非常规水资源源替代率或城市非常规水资源源替代率5年增长率		降低___%	降低___%		
15	城市供水管网漏损率（6+1分）	15.1 制定漏损控制计划，实施分区计量管理，推进老旧管网改造	全部落实得2分	□全部落实；□落实两项；□落实一项；□均未落实			
		15.2 城市供水管网漏损率（修正后）（%）	≤10%得4分，每超1%扣0.5分，最高加1分；每低0.5%加0.5分	___%	___%		
16	节水型居民小区覆盖率（3分）	16 节水型居民小区覆盖率（%）	≥10%得3分；每低1%扣0.5分	___%	___%		
17	节水型单位覆盖率（3分）	17 节水型单位覆盖率（%）	≥10%得3分；每低1%扣0.5分	___%	___%		
18	城市居民生活用水量（2分）	18 城市居民生活用水量（升/（人·日））	≤标准上限值___升/（人·日）得2分	___升/（人·日）	___升/（人·日）		
19	节水型器具普及率（5分）	19.1 生活用水器具市场抽检覆盖率（%）	＞80%得1分，每低10%扣0.25分	___%	___%		
		19.2 生活用水器具市场在售用水器具中，节水型用水器具占比（%）	达100%得1分	___%	___%		
		有无销售淘汰用水器具和非节水型器具	如有销售淘汰用水器具和非节水型器具的，第19项5分全部扣除	□无；□有	□无；□有		
		19.3 是否对用水量排名前10的公共建筑用水单位进行抽检	进行抽检的得1分	□抽检；□未抽检	□抽检；□未抽检		

续表

序号	指标	考核内容		评分标准	完成情况		自评得分	
					考核前2年	考核前1年	分项	指标
19	节水型器具普及率（5分）	19.4	用水量排名前10的公共建筑节水型器具普及率（%）	达100%得1分	——%	——%		
			公共建筑中有无使用淘汰用水器具和非节水型器具	有使用的本项不得分	□无；□有	□无；□有		
		19.5 是否有鼓励居民家淘汰和更换非节水型器具的政策和措施		有政策和措施的得1分	□有；□无			
20	特种行业用水计量收费率（2分）	20 特种行业用水计量收费率（%）		达100%得2分；每低5%扣0.5分	——%	——%		
21	万元工业增加值用水量（4分）	21 万元工业增加值用水量（m³/万元）		低于全国平均值的50%或年降低≥5%得4分；未达标准的不得分	低于——%	低于——%		
		21或 万元工业增加值用水量降低率（%）			降低——%	降低——%		
22	工业用水重复利用率（4分）	22 工业用水重复利用率（不含电厂）（%）		≥83%得4分；每低5%扣1分	——%	——%		
23	工业单位产品用水量（3分）	23 是否不大于国家或省级定额（地级市前10或县级市前5行业）		达标得3分；每有一个行业取水指标超过定额扣1分	□均达标；□未达标 标——个	□均达标；□未达标 标——个		
24	节水型企业覆盖率（2分）	24 节水型企业覆盖率（%）		≥15%得2分；每低2%扣0.5分	——%	——%		
25	城市水环境质量（6分）	25.1 城市水环境质量达标率（%）		达100%得2分；每低5%扣0.5分				
		25.2 建成区范围内有无黑臭水体		无黑臭水体得2分	□无；□有	□无；□有		
		25.3 城市集中式饮用水水源是否达标		达标得2分；未达标不得分	□达标；□未达标	□达标；□未达标		
		合　计						计

6. 城市节水工作考核范围示意地图

标示范围包括：明确标示考核区域（市区、城市建成区）以及给水厂、污水厂、水源地、地下水超采区、城市公共供水管网覆盖范围、已建成海绵城市的区域、现场考核备选点等。

7. 城市概况

城市概况包括如下内容：

（1）城市基本情况：包括城市规模、人口、社会经济发展等情况。

（2）城市基础设施建设情况：包括供排水、污水处理、再生水利用、雨水利用、海绵城市建设等设施情况。

（3）城市水环境概况：包括河流、湖泊、水库等水体与水资源概况、城市水环境质量等情况。

（4）产业结构特点：包括第一、第二、第三产业的比重，主导产业等情况。

（5）主要用水行业及单位：用水比重较大的主要用水行业及其用水情况。

8. 考核年度的《城市统计年鉴》《城市建设统计年鉴》等有关内容复印件

提供考核年度内的《城市统计年鉴》《城市建设统计年鉴》或地方其他年鉴等统计数据有关内容复印件，包含如下内容：

（1）前三年地区生产总值（GDP，含一产）、工业增加值。

（2）前两年城市人口数、用水人口数及城市居民总户数。

（3）前三年城市公共供水及自建设施供水相关数据。

（4）前两年城市节约用水相关数据。

（5）前三年城市排水和污水处理（城市污水排放总量、城市污水处理总量）相关数据。

（6）城市市区面积、建成区面积等数据。

9. 省级节水型城市、节水型企业（单位）、节水型居民小区称号的命名批复文件

（1）省级节水型城市批复文件（扫描件或复印件），要求通过省级节水型城市评估考核满1年（含）以上。

（2）开展建设节水型企业、节水型单位、节水型居民小区以来，省有关部门命名的批复文件（扫描件或复印件），同时分类汇总情况统计表。节水型企业、单位、居民小区统计表如表2-3～表2-5所示。

表2-3　××市省级节水型企业统计表

序号	省级节水型企业名称	命名年份	考核前2年新水取水量（万 m³/年）	考核前1年新水取水量（万 m³/年）
1				
2				
……				
命名后的年新水取水量合计				

表 2-4　××市省级节水型单位统计表

序号	省级节水型单位名称	命名 年份	考核前 2 年 新水取水量 （万 m³/年）	考核前 1 年 新水取水量 （万 m³/年）
1				
2				
……				
命名后的年新水取水量合计				

表 2-5　××市省级节水型居民小区统计表

序号	省级节水型居民小区名称	命名 年份	考核前 2 年 小区户数	考核前 1 年 小区户数
1				
2				
……				
命名后的小区户数合计				

10. 国家节水型城市创建（建设）工作影像资料

要求提供反映国家节水型城市创建工作（或上次考核以来）的影像资料，15 分钟内，简明扼要地介绍城市概况、水资源情况等城市整体情况，应重点突出节水理念、重要涉水指标（总用水量、万元 GDP 用水量、居民用水量、主要行业单位产品用水量等）、创建工作情况、重点工作、成绩、特色和亮点，影像资料应简洁朴实，避免过度包装。

除在现场考核时播放影像资料外，在本卷申报书中附影像的文字材料。

11. 其他能够体现城市节水工作成效和特色的资料

结合当地实际情况，其他能够体现本地节水工作成效和特色的资料，如节水信息化管理、计划用水与定额管理、节水"三同时"管理、非常规水资源利用（如海水淡化、再生水利用等）、城市供水管网漏损控制、合同节水管理、雨污分流、海绵城市建设、水环境质量保障等。

第三章　考核指标解读与示例

基本条件

基本条件五项指标，均为一票否决，任何一个指标不达标，即不能申报。

一、法规制度健全

1. 考核内容

具有本级人大或政府颁发的有关城市节水管理方面的法规、规范性文件，具有健全的城市节水管理制度和长效机制，有污水排入排水管网许可制度实施办法。

2. 考核标准

有城市节约用水，水资源管理，供水、排水、用水管理，地下水保护，非常规水利用方面的法规、规章及规范性文件，有污水排入排水管网许可制度实施办法。

有城市节水管理规定等文件；有城市节水奖惩办法、近两年奖惩台账及通告等材料。

3. 完成指标的相关工作

法规制度分为三个层面：

（1）本级人大或政府层面。本级人大或政府颁发的城市节约用水、水资源管理、地下水保护、非常规水利用（包括再生水、雨水、海水、矿井水、苦咸水等）、海绵城市建设以及供水、排水的法规、规章和规范性文件。

2015年1月22日，住房城乡建设部第21号令发布了《城镇污水排入排水管网许可管理办法》，规定了排水户向所在地城镇排水主管部门申请领取排水许可证，要求配套制定污水排入排水管网许可制度实施办法。

（2）城市节水主管部门层面。城市节水主管部门制定城市节水管理规定等相关文件（也可和其他相关部门联合制定），在城市节水统计、计划用水与定额管理、水平衡测试、节水奖励、节水财政资金投入、居民阶梯水价、非居民超定额累进加价、节水"三同时"管理、节水技术推广、节水设施建设与改造等方面要出台相应的制度。

（3）城市节水管理机构层面。城市节水管理机构应当制定有关配套文件，便于节水工作的开展和落实。

例如水平衡测试工作，在本级人大或政府层面，制定城市节约用水办法时，会有开展水平衡测试的条款内容，通常不够具体。为做好水平衡测试工作，要求城市节水主管部门根据《企业水平衡测试通则》（GB/T 12452—2008）制定水平衡测试的配套文件，如《水平衡测试管理规定》，规定月用水量多大规模的企业和单位开展水平衡测试、多长时间开展一次水平衡测试、谁来做水平衡测试、如何引入第三方开展水平衡测试、如何验收、测试成果如何运用等内容。

城市节水管理机构要具体安排开展水平衡测试工作，制订开展水平衡测试的计划，印发水平衡测试的通知文件，举办水平衡测试的培训，每年按照计划开展一定数量的水平衡测试工作，指导开展水平衡测试，组织对完成水平衡测试的企业（单位）进行验收，并指导企业（单位）将测试成果运用到具体节水工作中等。

4. 支撑材料及来源

（1）提供政府或人大、政府节水主管部门、节水管理机构三个层面制定的法规、规章和规范性文件。

（2）提供开展活动的通知、活动开展过程、奖励等资料。

（3）资料主要来源于住房城乡建设、城管、水利（务）、生态环境、市场监管等部门。

二、城市节水机构依法履责

1. 考核内容

城市节水管理机构职责明确，能够依法履行对供水、用水单位进行全面的节水监督检查、指导管理，以及组织城市节水技术与产品推广等职责。

2. 考核标准

（1）城市节水管理主管部门明确。有城市节水管理机构职责、工作机制和制度等材料。

（2）考核年限内，有城市节水的日常培训和管理记录。

（3）考核年限内，有城市节水技术与产品推广台账及证明材料。

3. 完成指标的相关工作

（1）城市节水管理主管部门明确。

在政府或者编制部门确定的节水主管部门的职责中，应当有"负责城市节水管理工作"的明确职责界定。

如果政府没有把节约用水工作和城市节约用水工作分离，没有单独将城市节水工作赋予某个政府部门，而是将整个节约用水工作赋予某个政府部门，也符合要求。

随着机构改革的深化，城市节水机构也出现了一些新变化。有些城市是设立独立的节约用水机构，有些城市是多方合一的机构，城市节水是其中之一。但是无论如何变化，都要明确城市节水工作的职责范围和职责分工，建立相关节水工作制度，保障城市节水工作职责落实到实际工作中，有效发挥城市节水工作的功能。

（2）城市节水日常培训和管理。

城市节水日常培训和管理，标志着日常城市节水工作有序开展。

① 节水培训。节水培训是一项长期的节水工作，主要进行节水业务培训，可以培训节水机构内部人员，也可以对社会上的企业、单位、学校和社区节水人员或其他人员进行培训。

节水业务培训有水平衡测试、节水技术培训、节水统计培训、节水型载体（城市、工业企业、非企业单位、居民小区等）培训、节水知识培训、节水标准与节水制度培训等项目和内容。

② 节水管理。具体包括节水检查、节水统计、节水载体创建、节水"三同时"管理、用水计划与定额管理、水资源管理、节水信息化管理等。

（3）推广城市节水技术与产品。

2005 年，国家发展改革委、科技部会同水利部、建设部和农业部组织制订了《中国节水技术政策大纲》。目前该大纲正在修订，可结合城市具体情况，参考该大纲选用适宜的节水技术、工艺与设备产品。

近年来值得关注的城市节水新技术、新产品，如为降低公共供水管网漏损率可采用 DMA 分区计量管理技术；为提高水的循环利用，可采用空调冷凝水利用技术、集中空调冷却水循环技术、节水型冷却塔、工业园区循序与循环利用技术等；在生活用水器具与设备方面，国家制定了水嘴、坐便器、小便器、淋浴器、蹲便器、便器冲洗阀、电动洗衣机、反渗透净水机等一系列产品用水效率限定值及用水效率等级；《水效标识管理办法》也自 2018 年 3 月 1 日起施行。

新修订的《坐便器水效限定值及水效等级》（GB 25502—2017），将水效确定为 3 个等级，1 级为节水先进值，要求平均用水量≤4 升，是行业领跑水平；2 级为节水评价值，要求平均用水量≤5 升，是我国节水产品认证的起点水平；3 级为水效限定值，要求平均用水量≤6.4 升，是耗水产品的市场准入指标。应当推广水效等级不低于 II 级的坐便器。《反渗透净水机水效限定值及水效等级》（GB 34914—2017）将水效等级指标分为 5 级，其中 1 级要求净水机的净水产水率≥60%，应当推广水效等级高的净水机。再比如无水小便斗，也称免冲小便器，节水效果显著，可在适宜的场合推广使用。

4. 支撑材料及来源

（1）提供节水职责文件资料。

（2）提供日常培训和管理的文件、通知、图片、培训内容等资料。

（3）提供推广的节水技术和产品的通知、使用台账、照片等相关资料。

（4）资料主要来源于节水主管部门、节水机构、技术或产品使用单位等。

三、建立城市节水统计制度

1. 考核内容

实行规范的城市节水统计制度，按照国家节水统计的要求，建立科学合理的城市节水统计指标体系，定期上报本市节水统计报表。

2. 考核标准

（1）有用水计量与统计管理办法或者关于城市节水统计制度批准文件，城市节水统计年限至少 2 年以上。

（2）城市节水统计内容符合地方文件要求，全面、详尽。

（3）考核年限内，有齐全的城市节水管理统计报表和全市基本情况汇总统计报表。

3. 完成指标的相关工作

（1）城市节水统计制度。

统计城市节水，应当建立城市节水的统计制度。本级城市节水主管部门要制定城市节水统计制度，并报经本级统计机构审批或者备案。城市节水统计制度应当对统计目的、统计内容、统计方法、统计对象、统计方式、统计表式、统计资料的报送和公布等作出规定。城市节水统计表应当标明表号、制定机关、批准或者备案文号、有效期限等标志。

城市节水统计表的设置数量要根据城市的规模和职责设定。城市规模大的城市，往往职责也相对集中，可相应多设置一些报表，例如某特大城市设置了包括节水量年报、节约用水技术措施改造项目年报等 11 个节水报表；而规模小的地级以下城市，可相对少地设置一些报表，但通常不要少于两个类型，即工业企业节水统计报表和非工业企业节水统计报表，因为工业企业和非工业企业统计内容具有显著差异，应区别对待。

（2）城市节水统计内容符合地方文件要求。

城市节水统计内容符合地方文件要求是指符合本级城市节水统计制度的要求。一是统计内容要和统计表的名称相一致，如"潍坊市非工业单位节水统计表"，统计的内容有：填报单位名称、给水号，用水人数，新水量，用水计划，用水器具（节水水嘴、非节水水嘴、节水坐便器、非节水坐便器、节水阀、非节水阀、其他非节水器具），人均日用水量，重复利用水量（中水利用量、循环水利用量），节水量，节水设施改建（投资、改建项目数、节水量），所有这些内容都是符合非工业单位节水实际情况的，都需要统计在内。二是统计的内容尽可能地全面，做到应统尽统。

（3）城市节水统计报表。

① 有齐全的城市节水管理统计报表。齐全有三层含义：一是本级各类节水统计报表要齐全。设置多少类报表，就要完整统计多少类报表。如节水统计报表有 11 类的城市，各部门、各单位就要按照 11 类报表如期报送，不能少报。二是内容齐全。每类报表都要认真准确完整地填报，每一项内容要填报清晰，所有要求填报的内容都要如实填报。三是数量齐全。要按照本级节水统计制度的要求，符合报表条件要求的各部门、各单位要按时报送节水统计报表。如要求年用水量达到 10 万立方米的单位上报节水报表，那么年用水量达到 10 万立方米以上的单位均应按时报表；如要求规模以上企业报送节水报表，那么年产值超过 2000 万元人民币的企业均应按时报表。

在《国家节水型城市考核标准》中，城市节水资金投入、节水型居民小区覆盖率、节水型单位覆盖率、公共建筑节水型器具普及率、工业用水重复利用率、节水型企业覆盖率等指标均与节水统计有关。

城市节水资金投入中，社会节水资金投入是每个企业、单位统计计算出来的；节水型居民小区覆盖率中的省级节水型居民小区或社区居民户数是统计出来的；节水型单位覆盖率和节水型企业覆盖率中的省级节水型单位及企业的年用水量是统计出来的；公共建筑节水型器具普及率中的节水型器具数和在用用水器具总数是统计出来的；工业用水重复利用率中的工业用水重复利用量是每个工业企业统计出来的。这就要求将社会节水资金投入、省级节水型居民小区或社区居民户数、省级节水型单位及企业的年用水量、节水型器具数和在用用水器具总数、工业用水重复利用量等指标纳入本级城市节水统计内容和节水统计范畴中。

② 节水基本情况汇总表。统计的目的，除了查看每一个部门、单位的节水情况外，更重要的是掌握本级城市节水基本情况。把城市节水统计的每一类表格都要进行汇总，最终统计并计算出本年度本级城市节水的基本数据，把一个个基本数据汇总起来就是本级本年度城市节水基本情况汇总表。

4. 支撑材料及来源

（1）城市节水的统计制度、各类批准的表格。

（2）各企业、单位、社区填报的各类表格。

（3）各类报表的汇总数据情况表。

（4）资料主要来源于城市节水主管部门、城市节水管理机构等。

5. 参考案例

（1）青岛市建立城市节水统计工作制度的案例，如图 3-1 所示。

（2）青岛市城市节水统计报表的案例，如图 3-2、图 3-3 所示。

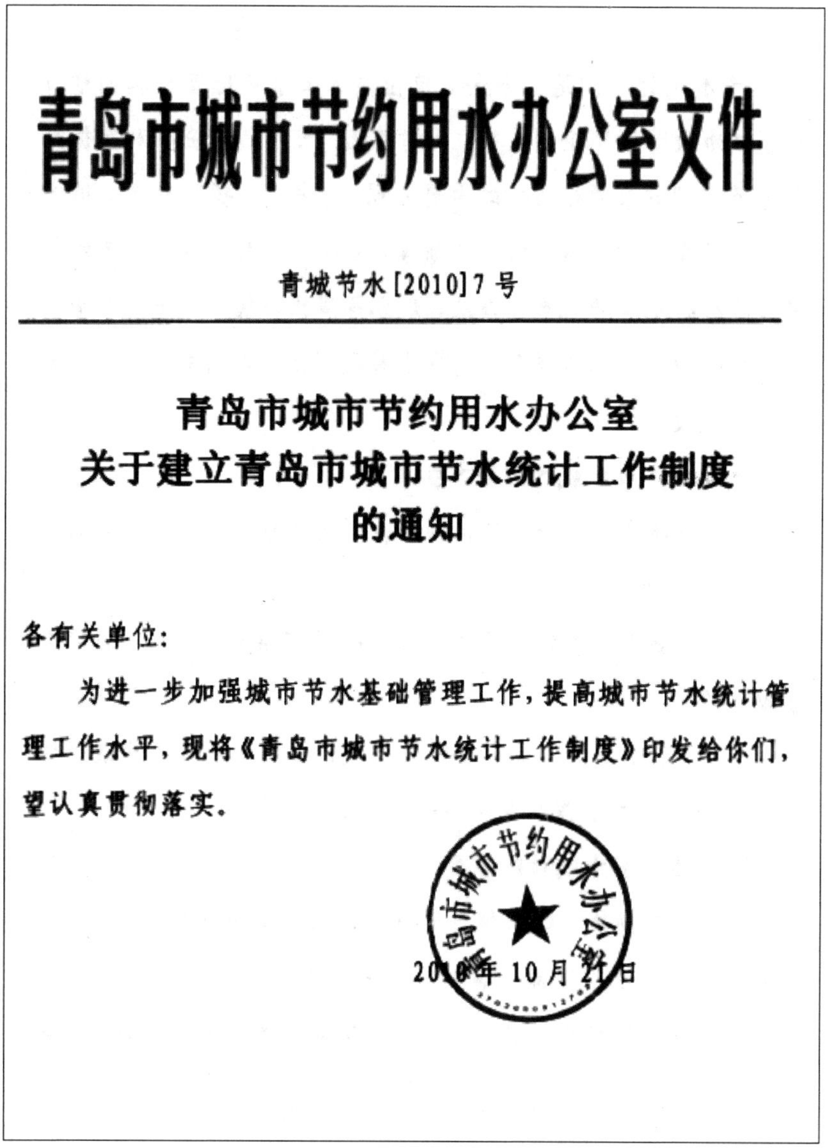

青岛市城市节约用水办公室文件

青城节水[2010]7号

青岛市城市节约用水办公室
关于建立青岛市城市节水统计工作制度
的通知

各有关单位:

为进一步加强城市节水基础管理工作，提高城市节水统计管理工作水平，现将《青岛市城市节水统计工作制度》印发给你们，望认真贯彻落实。

2010年10月21日

图 3-1　青岛市建立城市节水统计工作制度的案例

青岛市城市节水统计工作制度

节水统计工作是加强企业单位内部节水基础管理和创建节水型城市及节水型企业（单位）的基础，节水统计资料和数据是汇总节水型城市考核指标的重要依据，为进一步提高我市的城市节水管理水平和节水统计工作质量，为各级政府制定有关节水经济政策和行业管理规章、办法、规划等提供依据，根据《中华人民共和国统计法》、《城市节约用水管理规定》等有关法律、法规制定本制度。

一、城市节水统计的基本要求

（一）城市节水统计包括城市生活与工业节水统计，含第二产业和第三产业。

（二）城市节水统计报表和指标必须按照国家、省有关要求编制和设定。

（三）节水统计人员应贯彻执行统计法律法规和各级统计部门规定，熟悉和掌握本专业的统计知识和技能。

二、城市节水统计的职责

（一）贯彻执行国家统计的方针政策和法律法规，认真执行统计和城市节水主管部门有关规定和工作要求。

（二）积极配合统计、城市节水主管等部门的统计调查，并

图 3-1　青岛市建立城市节水统计工作制度的案例（续）

提供各种节水统计材料。

（三）制定内部统计制度，严格按照规定程序和流程进行统计。

（四）认真做好节水原始记录，建立规范的统计台账，积极推广应用现代化统计技术手段。

（五）认真把握收集、整理、审核、汇总、归档等统计环节，确保各项统计资料的时效性、真实性和完整性。

（六）积极组织或参加相关统计培训，不断提高城市节水统计工作水平。

三、城市节水统计的主要内容和要求

（一）被纳入用水考核的单位，根据有关要求分表填报《青岛市城市节水统计报表》，所填内容必须按照有关填报要求规定的统计范围、方法和口径填写，并与次年1月底前报送城市节水管理机构及所属主管部门。各单位不得虚报、瞒报、拒报和迟报，不得伪造。

（二）统计报表的资料要源于用水单位的原始记录、统计台账和内部相关报表。

（三）市城市节水管理机构按照要求定期对各项统计数据进行汇总，并编制报表按时上报省建设行政主管部门和市建设行政主管部门。

图 3-1　青岛市建立城市节水统计工作制度的案例（续）

（四）充分发挥节水统计的辅助作用，为城市节水管理和上级决策服务。

（五）市城市节水管理机构每年要组织对被纳入用水考核单位的节水统计工作进行检查，检查内容主要包括相关的原始记录、用水台账、内部报表等。

青岛市城市节约用水办公室　　　　　　　　2010 年 10 月 21 日印发

图 3-1　青岛市建立城市节水统计工作制度的案例（续）

青岛市城市节水统计报表

（各类用水分析）

表　号：青城节水年 1-1 表
制表机关：青岛市城市节约用水办公室
批准机关：青岛市统计局
批准文号：
有效期至：2014 年 12 月 31 日

单位或主管部门名称（盖章）：＿＿＿＿＿

201＿＿年　　　　　　　　　　　　　　　　　　　　　　单位：米³/年

项目名称	用水量 1	取水量				串联用水量 6	循环用水量						重复利用水量 13	重复利用率(%) 14	海水直接利用量（万米³）			海水淡化用水量 18	锅炉产汽量(t) 19
		自来水 2	井水 3	干道水 4	合计 5		冷却水循环量 7	冷却水循环率(%) 8	工艺水回用量 9	工艺水回用率(%) 10	蒸汽冷凝水回用量 11	蒸汽冷凝水回用率(%) 12			新取水量 15	重复利用量 16	合计 17		
间接冷却水									—	—	—	—		—					
工艺用水　直接冷却水							—	—						—					
洗涤用水							—	—						—					
产品用水							—	—						—					
其他用水							—	—						—					
锅炉用水　锅炉给水							—	—						—					
其他用水							—	—	—	—	—	—		—					
生活用水　浴室							—	—	—	—	—	—		—					
食堂							—	—	—	—	—	—		—					
其他							—	—	—	—	—	—		—					
其他用水							—	—	—	—	—	—		—					
合计																			

单位负责人：　　　　　　　　　　　　　　制表人：　　　　　　　　　　　　　　填表日期：

图 3-2 青岛市城市节水统计报表（各类用水分析）案例

青岛市城市节水统计报表
（单位用水情况）

201＿＿年

表　号：青城节水年 1-2 表
制表机关：青岛市城市节约用水办公室
批准机关：青岛市统计局
批准文号：
有效期至：2014 年 12 月 31 日

单位或主管部门名称（盖章）：＿＿＿＿＿＿＿＿

单位名称	锅炉					冷却塔				污（中）水处理回用							自备水	二次供水
	台数	主要用途	蒸发量(t/h)	使用时间	水处理方式	台数	设计处理量(m³/h)	浓缩倍数	水质处理状况	工程名称	建成时间	总投资(万元)	污水处理能力(m³/h)	污水处理量(m³/年)	污水回用量(m³/年)	主要用途	年总供水量(m³)	供水能力(m³/d)

单位负责人：　　　　制表人：　　　　填表日期：

青岛市城市节水统计报表
（单位节水情况）

201＿＿年

表　号：青城节水年 1-3 表
制表机关：青岛市城市节约用水办公室
批准机关：青岛市统计局
批准文号：
有效期至：2014 年 12 月 31 日

单位或主管部门名称（盖章）：＿＿＿＿＿＿＿＿

单位名称	基本情况		节水技术改造					产品用水定额				
	职工人数	主要产品产量	节水技改项目数量	新增节水器具数量	总投资(万元)	节水能力(m³/年)	运行状况	产品名称	产品产量	产品取水量(m³)	用水单耗计量单位	用水单耗

单位负责人：　　　　制表人：　　　　填表日期：

图 3-3　青岛市城市节水统计报表（单位用水、节水情况）案例

四、建立节水财政投入制度

1. 考核内容

有稳定的年度政府节水财政投入，能够确保节水基础管理、节水技术推广、节水设施建设与改造、节水型器具普及、节水宣传教育等活动的开展。

2. 考核标准

有财政部门用于节水基础管理、节水技术推广、节水设施建设与改造、节水型器具普及、节水宣传教育等活动的年度预算和批复文件。

3. 完成指标的相关工作

（1）建立城市节水的长效投入机制。除了节水创建（复查）的临时性集中投入外，更重要的是应给予节水机构长期稳定的投入，并以政府文件的形式确定下来，以保障城市节水日常工作的持续有序开展。

（2）为了保障城市节水各项工作的正常开展，政府财政每年都要有一定的财政投入，主要用于节水基础管理、节水技术推广、节水设施建设与改造、节水型器具普及、节水宣传教育等活动。城市节水管理相关部门要把下一年度节水工作的项目和资金数量列出来，经财政部门同意，确定下一年度要开展哪些节水项目，分别需要多少资金。下一年度结束后，城市节水管理相关部门要出具当年节水工作决算报告，说明具体经费支出情况及成效。

4. 支撑材料及来源

（1）应当提供本级政府的相关文件、城市节水管理机构编制的年度预（决）算文件和财政部门批准的预算文件、编制说明等。

（2）主要来源于市财政、节水主管等部门。

五、全面开展创建活动

1. 考核内容

成立创建工作领导小组，制订和实施创建工作计划；全面开展节水型企业、单位及居民小区等创建活动；通过省级节水型城市评估考核满一年（含）以上；广泛开展节水宣传日（周）及日常城市节水宣传活动。

2. 考核标准

（1）成立创建工作领导小组，制订创建目标和创建计划。

（2）开展节水型企业、单位、居民小区创建活动。

（3）通过省级节水型城市评估考核满一年（含）以上。

（4）有全国城市节水宣传周、世界水日等节水宣传活动资料；经常开展日常宣传。

3. 完成指标的相关工作

（1）成立创建（复查）工作领导小组，制订创建目标和创建计划。

本级政府要制定国家节水型城市创建（复查）方案，成立创建（复查）工作领导小组，从组织上确保创建工作的顺利开展。

在创建（复查）方案中，要明确创建目标；要明确创建计划，将创建的时间分为动员部署、组织实施、材料汇总、现场迎查等不同的阶段，认真抓好落实；要明确任务分工，责任分配到各参与单位和部门，落实到人；明确优势和短板，制定对策和具体措施。

节水型城市的创建，是一项系统性、全局性工作，涉及政府多个部门，在任务分工中，要尽可能地细致、细化，要使各参与单位和部门明确自己做哪些工作，做到什么程度，何时完成。

（2）开展节水型企业、单位、居民小区创建活动。

国家已经颁布了《节水型企业评价导则》（GB/T 7119—2018）、《节水型社区评价导则》（GB/T 26928—2011）、《服务业节水型单位评价导则》（GB/T 26922—2011），适用于餐饮、洗浴、游泳及水上项目、客房、洗衣房、洗车等全部或部分用水环节的服务单位节水评价。省有关部门应依据实际情况制定本省的节水型企业、单位、居民小区考核标准。申报城市应根据省里确定的节水型企业、单位、居民小区考核标准，积极开展节水型企业、单位、居民小区创建活动，达到省级节水型考核标准要求并获得命名。

（3）通过省级节水型城市评估考核满一年（含）以上。

创建国家节水型城市，需要首先完成省级节水型城市评价考核。省级节水型城市评估考核通过的时间要比申报国家节水型城市的时间早一年（含）以上。

（4）有全国城市节水宣传周、世界水日等宣传活动资料；经常开展日常宣传。

节水宣传是节约用水工作的重要内容，是提高节水意识的重要手段，是做好节水工作的前提。节约用水不是权宜之计，而是绿色发展的重要组成部分。因此，做好节水宣传至关重要。

通过开展节水宣传活动，提高全社会每个人的节水意识，让节水理念深入人心，成为每个人的自觉行动，从而提高用水效率，让水资源永续支撑经济社会的可持续发展，满足人们日益增长的物质文化生活需要。

① 开展全国城市节水宣传周、世界水日、中国水周集中宣传活动。

要做好集中宣传活动，首先要根据宣传主题制定开展活动的实施方案，然后根据实施方案策划各项节水宣传活动，如举行城市节水宣传周活动启动仪式等。为开展好全国城市节水宣传周，住房城乡建设部每年都下发全国城市节约用水宣传周的通知，明确活动时间、主题和要求，各地要根据宣传主题做好宣传活动。

② 经常开展日常宣传。

除了选择一些集中宣传日开展宣传外，日常节水宣传也很重要。节水意识的公众教育，主要体现在日常宣传中，通过媒体和各种活动，让市民了解所在城市的水资源状况，号召大家节约用水。

a. 集中式与分散式相结合。集中式就是利用一段时间开展节水宣传，如一年一度的全国城市节约用水宣传周、世界水日、中国水周。分散式，即日常宣传，就是将节水宣传活动有计划地分散在全年时间中。

b. 固定性与流动性相结合。固定性是指在一些固定位置做节水宣传，如城市节水大牌匾、卫生间的节水贴。流动性是指流动性地开展节水宣传活动，如志愿者骑自行车宣传节水。

c. 外部与内部相结合。外部通常是指在城市广场、街边道路等进行的节水宣传活动，如广场节水宣传周启动仪式。内部是指企业、单位、社区在本单位内部开展的节水宣传活动，如在单位内悬挂的节水横幅、利用电子显示屏等。

d. 传统媒体与现代媒体相结合。传统媒体是指利用报纸、电视、广播电台、书刊、音像等进行的节水宣传活动，如在报纸上发布节水公益广告。现代媒体是指利用计算机互联网技术产生的微博、微信、客户端等媒介传播手段宣传节水，这类宣传往往传播快、影响面大，如微信宣传节水。

e. 长期与短期相结合。长期是指进行的节水宣传活动时间跨度较长，如在电视台所做的半年节水公益广告。短期是指较短时间内的节水宣传活动，如 2 天时间的节水器具展览、半天的节水专题讲座等。

f. 常规与创新相结合。常规是指经常采用的节水宣传活动，如张贴节水海报、发放节水明白纸、节水征文等。创新是指借助于较强的智力策划开展的非一般性的节水宣传活动，如利用政府电视新闻议事厅、问政等栏目做节水宣传活动，建设节水教育实践基地，开展节水意识评估调查活动等。

g. 有偿与无偿相结合。有偿是指需要一定宣传费用，如在社区进出口栏杆上进行节水宣传、手机短信宣传。无偿是指除宣传材料等正常宣传费用外不需要花费额外费用的宣传活动。

h. 实物宣传与纸质宣传相结合。实物宣传是指通过发放实物宣传节水，如发放节水水嘴、节水抽纸等。纸质宣传是指通过将节水内容印在纸张上的方式宣传节水，如印制节水政策法规发放张贴。

4. 支撑材料及来源

（1）提供本级政府制定的国家节水型城市创建（复查）方案。

（2）提供开展创建节水型企业、单位、居民小区的通知、图片、申报材料及命名文件。

（3）提供省有关部门批准的省级节水型城市评价考核文件。

（4）提供全国城市节水宣传周、世界水日、中国水周的宣传活动一系列文件、图片、活动情况等资料。

（5）提供日常宣传活动一系列文件、图片、活动情况等资料。

（6）资料主要来源于水利（务）、住房城乡建设、城管等部门及有关企业单位。

5. 参考案例

把日常节水宣传的情况用"××市日常节水宣传情况汇总表"的形式列明，如表3-1 所示，并把相关文件、图片整好备查。

表 3-1　××市日常节水宣传情况汇总

序号	标题	媒体名称	版面/栏目	日期
1	一水多用渐入寻常百姓家	××晚报	A3	2019.6.4
2	节水护绿在行动，爱心居民齐上阵	××电视台	××新闻	2019.6.9
3	……	……	……	……

基础管理指标

六、城市节水规划

1. 考核内容

有经本级政府或上级政府主管部门批准的城市节水中长期规划，节水规划需由具有相应资质的专业机构编制。

2. 评分标准

共 8 分。具体标准如下：

（1）有具有相应资质的规划机构编制并经本级政府或上级政府主管部门批准的城市节水中长期总体规划，得 3 分。

（2）城市节水规划的规划期限为 5～10 年，内容应包含现状及节水潜力分析、规划目标、任务分解及保障措施等，得 3 分。

（3）城市节水规划执行并落实到位，得 2 分。

3. 指标解释

城市规划包括城市总体规划、控制性详细规划、修建性详细规划以及专项规划。城市节水规划属于专项规划。节水规划是以建设节水型城市为目标，通过对用水现状和节水问题的思考和梳理，提出城市水资源科学合理利用、可持续利用的方式，是城市水资源开发以及用水、节水管理的重要前提和依据。

4. 完成指标的相关工作

坚持规划引领，强化政府统筹。城市总体规划、控制性详细规划以及相关专项规划要加强对节水工作的统筹。

城市总体规划的编制要科学评估城市水资源承载能力，坚持以水定城、以水定地、以水定人、以水定产原则，统筹协调给水、节水、排水、污水处理与再生利用，以及水安全、水生态和水环境的关系。

要依据城市总体规划和控制性详细规划编制城市节水专项规划，提出切实可行的目标，从水的供需平衡、潜力挖掘、管理机制等方面提出工作对策、措施和详细实施计划，并与城市供水、排水、污水处理、绿地建设、水系等规划衔接。

5. 支撑材料及来源

（1）规划编制单位的资质材料，应为规划资质。

具有甲级城乡规划编制资质的单位承担的城乡规划编制业务不受限制；具有乙级城乡规划编制资质的单位，可以承担登记注册所在地城市和全国范围内 100 万现状人口以下的城市相关专项规划的编制。

（2）城市节水规划的批准文件、评审文件。

（3）城市节水规划正式文本。

（4）针对规划目标，对考核年度的落实情况进行对比和总结分析，并提供相应支撑材料，可以包括有关项目实施的详细材料。

（5）资料来源：城市节水管理机构、政府有关部门、规划编制单位等。

6. 参考案例

（1）某地城市节水专项规划编制纲要案例如下。

第一章　总　　则

1.1　为推进节水型社会建设，促进水生态健康及可持续发展，指导和规范我省节水专项规划的编制工作，根据国家和××省的有关法律、法规、规章和技术规范，制定本纲要。

1.2　本纲要的适用范围为县级以上城市（含县城）。

1.3　县级以上城市人民政府应当组织住建、规划、市政管理等部门编制节水专项规划；规划编制经费宜从城市维护建设资金中列支。

1.4　节水专项规划的编制单位应具有市政专业（给水工程、排水工程）设计资质。

1.5　编制、修改完善后的节水专项规划应报当地人民政府批准实施。

1.6　节水专项规划应由当地人民政府发布，并由人民政府组织安排当地城市节水行政主管部门负责组织实施。凡在规划范围内从事与节水工作有关的管理和建设活动，均应按规划执行。

第二章　基本要求

2.1　编制节水专项规划应符合国家、省有关城市规划、节水等方面法律、法规、规范；符合总体规划、土地利用总体规划，并与相关专项规划相协调。

2.2　编制节水专项规划应遵循"节水优先、空间均衡、系统治理、两手发力""以水定城、以水定地、以水定人、以水定产"的方针，按照统一规划、合理布局、远近结合、适度超前、区域共享的原则，有效利用水资源。

2.3　规划成果应包括规划文本、图集、说明书和基础资料汇编四部分。

2.4　节水专项规划的规划期限、范围应与总体规划期限一致。不一致时，应做出说明。

2.5　节水专项规划应主要包括以下内容：划定节水规划范围、期限、目标；进行用水供需平衡计算和节水潜力分析，预测城市节水规模；规划集中、分散式再生水系统，并落实再生水用户；规划水源地、供水管网及其他设施节水措施；对居民生活、工业企业、公共建筑、绿化、道路、消防、环卫及特殊行业等提出节水对策措施；确定节水工程的建设规模和用地并进行投资估算；提出近期节水工程建设规划。

2.6　规划中确定的节水工程规划应与给水、排水、排水（雨水）防涝、绿地系统、道路交通、竖向、水系、防洪等专业规划相衔接。

2.7　节水专项规划应根据城市现状因地制宜提出相应技术措施和节水指标体系，应与国家《城市节水评价标准》《国家节水型城市考核标准》《××省节水型城市考核标准》《海绵城市建设技术指南》《民用建筑节水设计标准》、各地市对《绿色建筑评价标准》要求等国家有关标准和规定相一致。

第三章　规划成果

3.1　规划文本

3.1.1　规划文本是以法律性条文对规划所做的全面规定。文本中勿用解释性、说明性语言。

3.1.2 规划文本应包括以下内容:

1. 总论

2. 水资源供需平衡分析

3. 目标体系与主要任务

4. 水资源利用规划

5. 近期建设规划

6. 管理规划

7. 投资估算

8. 效益分析

9. 节能环保

10. 应急预案

11. 保障措施和建议

3.2 规划说明书

3.2.1 规划说明书是对文本所做的解释和说明。

3.2.2 城市概述

1. 自然条件

城市的地理位置、地形地貌、气候、水文地质、气象参数、地震烈度、资源分布等;规划范围内多年降雨量、暴雨、极端暴雨情况,泄洪河流情况等。

2. 城市现状

城市性质、现状人口规模、用地范围、用地性质、道路系统状况;产业结构、主要工业企业现状、产业发展等情况;给水、排水、绿地、排涝、防洪等公共设施及各类地下设施状况;规划区河流水系与水资源分布、数量,江、河、湖、库及地下水的水质状况,河流的季节变化;水利建设情况、实际的供水和用水现状;现状工程条件下不同来水频率的水资源供需情况及水资源开发利用情况。

3. 相关规划分析

对与节水专项规划密切相关的总体规划,土地利用规划,给水、排水专项规划,排水(雨水)防涝综合规划及实施的重要节水工程情况进行分析介绍。

3.2.3 给排水现状及存在的问题

1. 城市给排水现状。包括水资源及开发利用现状、供水人口、供水普及率,污水排放量及变化趋势、污水处理设施的工艺特点、处理能力、运行状况、出水水质及给排水管网现状等概况。

2. 现状用水存在的问题分析。包括水资源开发利用、水资源污染、自备水源管理、供排水设施配置、管理水平、信息化水平等问题。针对现状存在的问题,分析存在的原因。

3.2.4 节水现状及存在的问题

1. 节水现状。包括节水机构设置,法规制度建设,社区、公建、企业用水水平和节水情况,非常规水资源利用途径等。对各部分用水及节水情况进行统计分析。

2. 现状节水存在的问题分析。对制约城市水资源节约利用的各种因素进行分析,包括节水设施配置、管理水平、信息化水平等，明确需要重点解决的问题。

3.2.5 总论

1. 规划指导思想与原则。

2. 规划依据。

国家法律、法规、规范、标准及地方规章、规范性文件；总体规划及相关专项规划；水资源论证。

3. 规划期限与范围。

节水专项规划范围、规模和期限应与总体规划相一致。不一致时，须做出说明。规划期限应明确规划的基准年和近、远期的划分。

4. 规划目标。

确定节水型社会建设规划目标，包括量化目标和非量化目标两类。按规划水平年分为近期目标和远期目标，按分区、分类分为总体目标和分区、分类目标。

3.2.6 水资源供需平衡分析

与总体规划、给水专项规划等相关规划相结合，在对水资源、供水、污水、雨水、再生水利用充分调查的基础上，通过对水资源开发利用特点和分布、用水量、回用水量等问题进行分析与评价，对水量进行供需平衡计算，充分利用节水措施，提高回用水比例，达到规划期水资源供需平衡。

3.2.7 目标体系与主要任务

1. 建立节约用水规划目标体系，应包括基础条件、基础管理考核指标、技术考核指标。其中规划具体指标应包括节水器具普及率、工业废水排放达标率、工业取水量指标、冷凝水回用率、节水型企业覆盖率、供水管网漏损率控制、城市再生水利用率、污水处理率、节水型小区覆盖率等。

2. 对常规、非常规用水进行节水潜力分析，提供科学、合理的节水潜力数据，采取具体的节约用水措施。如有分质供水的条件和中水回用条件，应落实回用水用户，提出相应工程规划。

3. 针对小区、企业（单位）等不同的节水主体及行业，提出相应的节水任务和目标，并建立健全的节水型法律法规和政策制度。

3.2.8 常规水源利用规划

1. 水源节水规划。根据水源地区位、条件，提出具体的保护范围和措施，对水资源开发利用和保护提出明确要求。规划自备水源利用与监管措施，限期关闭公共供水管网覆盖范围内的自备水井。

2. 水厂节水规划。根据处理规模、处理工艺的不同，有针对性地提出节水策略，优先采用节水型处理工艺。

3. 给水管网节水规划。规划以降低管网漏失率及提高用水计量率为目标的供水技术措施，在供水管网管理、改造施工等各个方面提出相应的节水指标要求，制定合理的实施措施。

4. 城市计划用水规划。完善社会计划用水体系，提出计划用水目标及实施步骤和方案，对居民、公共建筑、工业企业及其他单位分别进行节水规划。居民生活节水规划包括居民生活、公共设施等相关节水指标及具体实施措施；公共建筑节水规划包括公共服务业和公共机构相关节水指标及具体实施措施；工业节水规划应结合《节水型企业评价导则》等11项行业取水定额及国家标准制定工业企业相关节水指标，规划具体实施措施；其他单位节水规划包括绿化、环卫、建筑行业、洗车洗浴、特殊行业等的节水规划相关指标及具体实施措施。

3.2.9　非常规水源利用规划

对城市可利用的非常规水资源进行调查、分析，依据规划区的地理区位及便利性，因地制宜规划可利用的非常规水资源。

3.2.10　近期建设规划

根据当地情况提出近期建设规划，包括近期实施的节水工程内容、规模、重点、目标、措施和时间安排以及资金需求、解决措施等。

3.2.11　管理规划

1. 体制机制

提出有利于城市节水工作统一管理的体制机制，加强城市节水部门统筹管理，确保规划的要求全面落实到建设和运行管理上。

2. 信息化建设

建设节水系统信息化管控平台，与供水、排水等部门建立联动机制，实现城市节水工作日常管理和运行调度，提高节水工作的管理和应急水平。

3.2.12　投资估算

根据国家有关标准、定额和规划工程量，编制工程投资估算，包括分期实施项目的分项投资、分期投资和总投资。

3.2.13　效益分析

综合评价规划实施对城市节水发展的影响，并对规划实施的工程措施分别进行社会效益、环境效益和经济效益分析。

3.2.14　节能环保

运用新技术、新工艺对现有节水设施进行更新改造。运用新材料改造现有供水管网，降低管网漏失率，减少水资源的浪费。对节水工程设施及管网施工、运行环节提出环保措施建议；对节水工程设施、废弃物排放等问题推荐处理方案。

3.2.15　应急预案

分析城市干旱发生的频率以及城市缺水的程度，确定城市节水应急预案规划的目的及工作原则，提出应急预案的适用范围，确立水资源利用安全组织体系并确定相应职责。提出针对水资源枯水期、突发性水污染等情况下的应急预案。

3.2.16　保障措施和建议

从法规保障、行政管理、技术指导、资金筹措等各方面提出具体措施，建立以水权管理为核心的水资源管理体系。要明确城市节水"三同时"审批制度、阶梯水价和加价水费制度等保障措施。

根据城市节水现状和规划要求，针对规划实施过程中出现的困难和问题，提出确保规划实施的对策和建议，为政府制定决策提供参考依据。

3.3　规划图纸

规划图纸应注明比例尺、风玫瑰、图例、规划编制单位、编制日期等。

3.3.1　城市区位图。应标注规划区与各水源地的区位关系。

3.3.2　城市用地规划图。

3.3.3　水资源分布图。应注明河流、湖泊、地下水等水资源范围。能够直观地反映常规、非常规水资源在空间上的分布以及开采现状和开采潜力等。

3.3.4　供水现状图。应标明现状水源地、水厂、泵站、输配水管网、自备水源等供水设施布局、规模等内容。

3.3.5　排水（污水、雨水）现状图。应标明现状污水处理厂、污水泵站、雨水泵站等的布局和规模等内容。

3.3.6　节水现状图。应标明现状集中（分散）式节水设施、管网分布及规模。标注现状节水型小区、企业等节水单位的位置及节水规模。

3.3.7　节水规划图。应标明规划集中（分散）式节水设施、管网分布及规模。标注规划节水型小区、企业等节水单位的位置及节水规模。

3.3.8　水资源利用规划图。包括水资源设施的位置、规模、服务范围、布局等内容。

3.3.9　近期建设规划图。

3.3.10　其他相关的规划图纸。

3.4　基础资料汇编

规划中收集的基础资料、专题研究报告等材料整理归纳。包括城市概述、用水现状、节水现状、水资源调查分析及节水工程的上级指示和批文；总体规划对节水规划的要求（摘录）；相关节水工程投资估算书；其他重要调查、分析研究专题报告等内容。

（2）规划执行落实情况案例

某市城市节约用水规划执行落实情况案例如下。

一、城市节约用水规划目标完成情况

序号	指标名称	单位	现状	2017年	2018年	2020年
1	万元地区生产总值（GDP）用水量	m³/万元				
2	城市非常规水资源利用率	%				
3	城市雨水收集利用及防涝	规划新建城区建设推行低冲击开发模式，完成对建成区范围内易涝易淹片区排水及雨水利用设施改造				
4	城市污水处理率	%				
5	城市供水管网漏损率	%				
6	水环境质量达标率	%				
7	节水型居民小区覆盖率	%				
8	城市居民生活用水量	L/（人·日）				
9	节水型器具普及率	%				
10	特种行业（洗浴、洗车等）用水计量收费率	%				

序号	指标名称	单位	现状	2017 年	2018 年	2020 年
11	万元工业增加值用水量	m³/万元				
12	工业用水重复利用率	%				
13	工业取水定额	低于 GB/T 18916 系列标准限值				
14	节水型企业（单位）覆盖率	%				
15	工业废水排放达标率	%				

二、主要做法

（1）加强节水基础管理。

（2）强化政策法规建设。

（3）强化计划用水管理，夯实节水管理基础。

（4）强化水平衡测试工作，发挥测试成果技术支撑作用。

（5）加强节水载体建设，巩固节水型社会建设成效。

（6）加大节水宣传力度，营造浓厚的节水氛围。

（7）推广城市污水再生利用，提高污水资源化程度。

（8）加强节水型器具推广。

（9）切实落实"三同时"制度。

（10）加强城市供水管网的改造维护。

七、海绵城市建设

1. 考核内容

编制完成海绵城市建设规划，在城市规划建设及管理各个环节落实海绵城市理念，已建成海绵城市的区域内无易涝点。

2. 评分标准

共 6 分。具体标准如下：

（1）编制完成海绵城市建设规划，得 2 分。

（2）出台海绵城市规划建设管控相关制度，考核年限内，全市范围的新、改、扩建项目在"一书两证"、施工图审查和竣工验收等环节均有海绵城市专项审核，得2 分。

（3）已建成海绵城市的区域内无易涝点，得 2 分；每出现 1 个易涝点，扣 1 分。

3. 指标和名词解释

海绵城市是指通过加强城市规划建设管理，充分发挥建筑、道路和绿地、水系等生态系统对雨水的吸纳、蓄渗和缓释作用，有效控制雨水径流，实现自然积存、自然渗透、自然净化的城市发展方式。

建设海绵城市，统筹发挥自然生态功能和人工干预功能，有效控制雨水径流，有利于修复城市水生态，涵养水资源，增强城市防涝能力，扩大公共产品有效投资，提高新型城镇化质量，促进人与自然和谐发展。

"一书两证"是指城市规划行政主管部门核准发放的建设项目选址意见书、建设用地规划许可证和建设工程规划许可证。考核年限内，全市范围所有新、改、扩建项目在"一书两证"、施工图审查和竣工验收等环节均应有海绵城市专项审核（并非指海绵城市项目的"一书两证"）。

海绵城市建设专项规划：根据《海绵城市专项规划编制暂行规定》（建规〔2016〕50号），以问题导向和目标导向，按照"源头减排、过程控制、系统治理"，明确具体任务，达到《国务院办公厅关于推进海绵城市建设的指导意见》（国办发〔2015〕75号）和有关标准规范的深度要求的专项规划。

海绵城市专项规划是建设海绵城市的重要依据，是城市规划的重要组成部分。

4. 完成指标的相关工作

典型海绵设施主要有：

（1）透水铺装，按照面层材料不同可分为透水砖铺装、透水水泥混凝土铺装和透水沥青混凝土铺装。嵌草砖，园林铺装中的鹅卵石、碎石铺装等也属于渗透铺装。透水铺装结构应符合《透水砖路面技术规程》（CJJ/T 188）、《透水沥青路面技术规程》（CJJ/T 190）和《透水水泥混凝土路面技术规程》（CJJ/T 135）的规定。

（2）绿色屋顶，也称为种植屋面、屋顶绿化等。根据种植基质深度和景观复杂程度，绿色屋顶又分为简单式和花园式。简单式绿色屋顶的基质深度一般不大于150mm，花园式绿色屋顶在种植乔木时基质深度可超过600mm，绿色屋顶的设计可参考《种植屋面工程技术规程》（JGJ 155）。

（3）植草沟，指种有植被的地表沟渠，可收集、输送和排放径流雨水，并具有一定的雨水净化作用，可用于衔接其他各单项设施、城市雨水管渠系统和超标雨水径流排放系统。除转输型植草沟外，还包括渗透型的干式植草沟及常有水的湿式植草沟，可分别提高径流总量和径流污染控制效果。

（4）生物滞留设施，指在地势较低的区域，通过植物、土壤和微生物系统渗蓄、净化径流雨水的设施。按应用位置不同，又称作雨水花园、生物滞留池、高位花坛、生态树池等。对于径流污染严重、设施底部渗透面距离季节性最高地下水位或岩石层小于1m及距离建筑物基础水平距离小于3m的区域，可采取底部防渗的复杂型生物滞留设施。

（5）蓄水池，指具有雨水储存功能的集蓄利用设施，同时也具有削减峰值流量的作用，主要包括钢筋混凝土蓄水池，砖、石砌筑蓄水池及塑料蓄水模块拼装式蓄水池，用地紧张的城市大多采用地下封闭式蓄水池。

（6）雨水湿地，是利用物理、水生植物及微生物等作用净化雨水的一种高效径流污染控制设施。雨水湿地分为雨水表流湿地和雨水潜流湿地，一般设计成防渗型，以便维持雨水湿地植物所需要的水量。雨水湿地常与湿塘合建并设计一定的调蓄容积。

（7）湿塘，指具有雨水调蓄和净化功能的景观水体，雨水同时作为其主要的补水水源。湿塘有时可结合绿地、开放空间等场地条件设计为多功能调蓄水体，即平时发挥正常的景观及休闲、娱乐功能，暴雨发生时发挥调蓄功能，实现土地资源的多功能利用。

（8）下沉式绿地，狭义上通常是指低于周边铺砌地面或道路200mm以内的绿地。可广泛应用于城市建筑与小区、道路、绿地和广场内。对于径流污染严重、设施底部渗透面距离季节性最高地下水位或岩石层小于 1m 及距离建筑物基础水平距离小于 3m 的区域，应采取必要的措施防止次生灾害的发生。

5. 支撑材料及来源

（1）海绵城市规划的批准文件、评审文件。

（2）规划文本。

（3）海绵城市规划建设管控相关文件。

（4）全市范围的新、改、扩建项目台账；每一个项目的"一书两证"以及施工图审查和竣工验收等环节体现其海绵审核内容的相关材料。

（5）内涝防治措施、改造材料、改造效果等。

（6）资料来源部门包括住房城乡建设、规划等部门。

6. 参考案例

某市海绵城市建设指标支撑资料清单案例如表 3-2 所示。

表 3-2　某市海绵城市建设指标支撑材料清单案例

序号	材料名称
1	《××市海绵城市专项规划（2016—2030 年）》文本
2	《××市海绵城市专项规划（2016—2030 年）》说明
3	《××市海绵城市专项规划（2016—2030 年）》图集
4	××市人民政府办公厅关于组织实施××市海绵城市专项规划（2016—2030 年）的通知
5	××市海绵城市试点区系统化实施方案
6	××市海绵城市试点区系统化实施方案图集
7	××市人民政府办公厅关于加快推进海绵城市建设的实施意见
8	关于印发《××市城乡建设委员会海绵城市规划建设管理暂行办法》的通知
9	关于启用"规划审查意见标准化要点"的通知
10	关于印发《××市海绵城市建设试点项目工程技术管理实施细则（试行）》的通知
11	政府投资海绵城市项目审查技术要点
12	关于在老旧小区整治改造中落实海绵城市建设理念的通知
13	关于印发《××市城市市政道路、建筑与小区海绵城市建设施工图设计文件技术审查要点》（试行）的通知
14	××市海绵城市试点区专项设计审查实施意见（试行）
15	关于进一步加强市政工程海绵城市建设质量管理的通知
16	关于加强海绵城市建设理念在城市园林绿化工程质量安全监督工作中作用的通知
17	关于做好我市海绵城市试点区建筑与小区项目质量监督管理工作的通知
18	2017 年、2018 年我市实施的海绵城市建设工程汇总表
19	海绵城市建设改造工程档案资料（××后社区、××路小区、××外贸职业学院）
20	××市海绵城市试点区模型建设评估报告
21	海绵城市改造成果照片

八、城市节水资金投入

1. 考核内容

城市节水财政投入占本级财政支出的比例≥0.5‰，城市节水资金投入占本级财政支出的比例≥1‰。

2. 评分标准

共 8 分。具体标准如下：

（1）城市节水财政投入占本级财政支出的比例≥0.5‰，得 4 分。

（2）城市节水资金投入占本级财政支出的比例≥1‰，得 4 分。

3. 指标和名词解释

城市节水资金投入是节水工作持续开展的重要保障。通过政府财政投资，吸引社会单位资金投入，以调动全社会各方面节水的积极性。

节水财政投入是指政府财政资金用于节水宣传、节水奖励、节水科研、节水型器具、节水技术改造、节水技术产品推广、非常规水资源（再生水、雨水、海水等）利用设施建设，公共节水设施改造与建设（不含城市供水管网改造）等的投入。

节水资金投入是指政府和社会资金对节水宣传、节水奖励、节水科研、节水型器具、节水技术改造、节水技术产品推广、非常规水资源（再生水、雨水、海水等）利用设施建设，公共节水设施改造与建设（不含城市供水管网改造）等的投入总计。

4. 完成指标的相关工作

一是地方财政每年应有稳定的财政资金用于节水工作支出；

二是地方节水管理机构应根据年度节水宣传、节水奖励、节水科研、节水型器具、节水技术改造、节水技术产品推广、非常规水资源（再生水、雨水、海水等）利用设施建设，公共节水设施改造与建设等工作需要，制订资金利用计划，并按规定纳入地方财政预算；

三要严格按预算执行，按期完成；

四要鼓励社会单位利用自有资金积极开展各项节水工作，节水管理部门应将上述内容纳入节水统计范畴。

5. 计算方法

$$城市节水财政投入率 = \frac{城市节水财政投入（万元）}{本级财政支出（万元）} \times 1000‰$$

$$城市节水资金投入率 = \frac{（城市节水财政投入 + 社会节水资金投入）（万元）}{本级财政支出（万元）} \times 1000‰$$

具体计算过程详见第 5 章。

6. 支撑材料及来源

（1）考核年限内节水资金投入汇总表。

（2）考核年限内的政府财政年度节水预算、批复文件、支出票据、项目完成的决算材料等。

（3）对于重点工程、专项投入，如节水技术改造、节水规划编制、雨水利用设施建设等，应有立项、合同、竣工、工程款项发票等较为完整的支撑材料。

（4）资料数据来源部门包括财政局、城市管理机构、发改或经信等部门，工业企业、单位等。

九、计划用水与定额管理

1. 考核内容

在建立科学合理用水定额的基础上，对公共供水的非居民用水单位实行计划用水与定额管理，超定额累进加价。公共供水的非居民用水计划用水率不低于90％。建立用水单位重点监控名录，强化用水监控管理。

2. 评分标准

共8分。具体评分标准如下：

（1）全市用水量排名前10位（地级市）或前5位（县级市）的主要行业有省级相关部门制定的用水定额，得2分。每缺少一项行业用水定额扣0.25分。

（2）公共供水的非居民用水实行计划用水与定额管理，核定用水计划科学合理，计划用水率达90％以上，得3分。每低5％扣0.5分。

（3）有超定额累进加价具体实施办法或细则并实施，得2分。

（4）建立用水单位重点监控名录，有用水监控措施，得1分。

3. 指标解释

计划用水与定额管理是指节水管理部门根据用水定额、经济技术条件及用水单位的具体情况，结合年度可利用水资源的情况，制订用水单位的年度用水计划，下达到用水单位，并进行考核管理。

城市公共供水是指城市自来水供水企业以公共供水管道及其附属设施，向居民和单位的生活、生产和其他各类建筑提供的用水。

4. 完成指标的相关工作

（1）城市非居民用水全部实行计划用水。

① 对用水单位可以按不同用水量、不同行业进行分类管理，特别是重点行业和用水大户要严格监控用水。

② 按照年度城市可利用的水资源量分配下达单位用水计划。节水管理部门要根据用水单位的生产运营情况、生产工艺状况、节水设施建设使用情况、建筑面积、人员数量等，依据相关用水定额，核定用水单位年度用水计划，并分解至各个用水计划考核期。

（2）超计划定额累进加价。

① 制定超计划定额累进加价具体实施办法，明确考核期限、加价倍数、征收办法等。

② 节水管理部门按照考核期内用水单位的实际用水量，对超出计划定额的部分依法征收累进加价水费。同时要求用水单位查找超计划定额用水的原因，及时解决问题，避免连续超定额计划用水。

③ 要充分利用超定额计划用水累进加价制度的经济杠杆作用，促进用水单位主动查找用水过程中的问题，挖掘节水潜力，加大对节水技术改造和管理的投入。

（3）实施用水定额。

① 严格执行国家、省发布的用水定额标准。

② 对于当前还没有国家、省用水定额标准的行业、部门，节水管理部门应会同有关部门共同研究制定相关核定用水计划的方式方法。

5. 计算方法

$$公共供水的非居民用水计划用水率 = \frac{已下达用水计划的公共供水非居民用水单位实际用水量（万\ m^3）}{公共供水非居民用水单位的用水总量（万\ m^3）} \times 100\%$$

具体计算过程详见第 5 章。

6. 支撑材料及来源

（1）用水量排名名单。

（2）省级有关用水定额。

（3）计划用水与定额管理的文件、通知。

（4）用水单位考核年年度用水计划汇总、年度实际使用量汇总、超计划单位汇总。

（5）公共供水非居民用水计划用水率计算。

（6）超定额累进加价实施办法或细则、实施程序，超计划定额用水收费情况汇总表、收费票据材料等。

（7）重点监控的用水单位名单、监控措施、具体实施情况等。

（8）资料来源：城市节水机构、供水公司等部门和单位。

7. 参考案例

某市计划用水与定额管理指标支撑资料清单案例如表 3-3 所示。

表 3-3　某市计划用水与定额管理指标支撑材料清单案例

序号	材料名称
1	××市用水量排名前 10 位主要行业有省级相关部门制定的用水定额
2	××市用水量排名前 10 位主要行业用水定额表
3	××市用水量排名前十位行业占城市总用水量比例一览表
4	××市 2016 年纳入计划管理公共供水的非居民生活用水量表
5	××市水资源管理办公室关于做好 2016 年度用水计划编制工作的通知
6	××市水资源管理办公室关于下达 2016 年度用水计划的通知
7	××市 2016 年年度用水计划表
8	××市 2016 年实用量统计表
9	《××市超计划用水累进加价水资源费征收使用管理办法》（××价字〔2015〕××6 号）
10	《××市水资源管理办公室关于对 2016 年第 1 季度超计划用水单位执行超计划累进加价征收水资源费的通知》
11	《××市水资源管理办公室关于加强全市重点监控用水单位监督管理工作的通知》
12	××市重点监控名单
13	××市加强重点监控用水单位监督管理工作说明

××市在实现对重点监控用水单位一级计量设施全面监控的同时，对其主要用水设备、主要生产工艺用水量、全部水消耗情况、水循环利用率、用水效率等内容以及涉水法律法规及政策落实情况进行了监控管理。

一是建立重点监控用水单位管理体系，为最严格水资源管理制度考核提供基础支撑；

二是不断加强重点监控用水单位计量监测；

三是不断强化重点监控单位用水监督指导。××市充分加强区域内重点监控用水单位监控设施检查、监控数据统计分析、取水许可、计划用水、水平衡测试等日常管理工作，组织重点监控用水单位及时上报取用水监控资料，并做好重点监控用水单位监控数据的复核和统计工作。同时，加强了对区域内重点监控用水单位的业务指导，指导重点监控用水单位健全完善内部节水管理制度，设置节水管理岗位，明确责任，强化考核。同时也不断加强节水宣传和节水培训，不断提高企业的节水意识和节水管理水平。

十、自备水管理

1. 考核内容

实行取水许可制度；严格自备水管理，自备水计划用水率不低于 90%；城市公共供水管网覆盖范围内的自备井关停率达 100%。在地下水超采区，禁止各类建设项目和服务业新增取用地下水。

2. 评分标准

共 5 分。具体评分标准如下：

（1）取水许可手续完备，自备水实行计划开采和取用，得 1 分。

（2）自备水计划用水率达 90% 以上，得 1 分。

（3）城市公共供水管网覆盖范围内的自备井关停率达 100%，得 2 分；每降低 5% 扣 0.5 分。

（4）在地下水超采区，连续两年无各类建设项目和服务业新增取用地下水，得 1 分；有新增取水的，不得分。

3. 指标解释

自备水是指城市的用水单位以其自行建设的供水管道及其附属设施主要向本单位的生活、生产和其他活动提供用水，包括取自地表和地下的水。

自备水管理是对单位开采地表水和地下水进行管理控制，包括实行取水许可、计划用水管理、有计划的关停、对超采地下水的区域进行压采等工作。

自备水量是指由不计入市政供水量的其他用于生产和生活的水量。

4. 计算方法

$$自备水计划用水率 = \frac{已下达用水计划的自备水用水户的实际用水量（新水量）}{自备水用水总量（新水量）} \times 100\%$$

$$自备井关停率 = \frac{城市公共供水管网覆盖范围内关停的自备井数}{城市公共供水管网覆盖范围内的自备井总数} \times 100\%$$

具体计算过程详见第 5 章。

5. 支撑材料及来源

（1）取水许可证办理程序、考核年限内办理情况汇总及支撑材料。

（2）自备水计划管理的材料，考核年度用水计划批准下达文件、用水单位年度用水计划汇总、年度实际使用量汇总、超计划定额单位汇总、自备水超计划定额用水收费情况汇总表、收费票据案例等材料。

（3）自备水计划用水率计算及其支撑材料。

（4）公共供水管网覆盖范围内自备井的数量及其关停数量，计算过程。

（5）超采区位置，新增取用地下水情况。

（6）资料来源：水利（务）局。

6. 参考案例

某市自备水管理指标支撑资料清单案例如表 3-4 所示。

表 3-4　某市自备水管理指标支撑材料清单案例

序号	材料名称
1	××市府办公厅关于印发××市实行最严格水资源管理制度考核办法的通知（×政办发〔2013〕×8 号）
2	××市人民政府关于实行最严格水资源管理制度的实施意见（×政发〔2013〕× 号）（2017 年—2018 年市无新发取水许可）
3	××市水利局关于下达 2017 年度取水计划的通知以及取水计划表（×水资〔2017〕×1 号）
4	××市水利局关于下达 2018 年度取水计划的通知以及取水计划表（×水资〔2018〕×8 号）
5	××市 2017 年度取水许可证管理台账（市内区）
6	××市 2018 年度取水许可证管理台账（市内区）
7	关于下达××区 2017 年度取水计划的通知及取水计划表（×农水〔2017〕×7 号）（××区）
8	关于下达××区 2018 年度取水计划的通知及取水计划表（×农水〔2018〕×7 号）（××区）
9	2017 年××市××区取水单位缴纳水资源费管理台账（××区）
10	2018 年××市××区取水单位缴纳水资源费管理台账（××区）
11	关于下达 2017 年度取水计划的通知及取水计划表（×城农〔2017〕4 号）；（××区）
12	关于下达 2018 年度取水计划的通知及取水计划表（×城农〔2018〕16 号）（××区）
13	2017 年度××区用水量统计表（××区）
14	2018 年度××区用水量统计表（××区）
15	关于下达 2017 年度取水计划的通知及取水计划表（×黄水发〔2017〕13 号）
16	关于下达 2018 年度公共管网用水计划的通知及用水计划表（×××水发〔2018〕35 号）
17	2017 年自备水台账（××区）
18	2018 年自备水台账（××区）
19	××市关于进一步加强取水许可管理有关工作的通知
20	自备水计划关停时间统计表（××区）
21	××市水利局关于 2017 年度取水许可证发放及注销情况的公告
22	××市水务管理局关于 2018 年度市本级审批发放及注销取水许可证有关情况的公告
23	2017 年注销（吊销）取水许可证统计表（××区）
24	××省水利厅关于公布我省地下水限采区和禁采区的通知（×水资字〔201×〕1 号）

十一、节水"三同时"管理

1. 考核内容

使用公共供水和自备水的新建、改建、扩建工程项目，均必须配套建设节水设施和使用节水型器具，并与主体工程同时设计、同时施工、同时投入使用。

2．评分标准

共 5 分。具体评分标准如下：

（1）有市有关部门联合下发的对新建、改建、扩建工程项目节水设施"三同时"管理的文件，得 1 分。

（2）有"三同时"制度的实施程序，得 1 分。

（3）考核年限内，有市有关部门对节水设施项目审核、竣工验收资料，或者工程建设审批、管理环节有城市节水部门出具的"三同时"审核意见，得 3 分。

3．指标解释

节水"三同时"是指新建、改建、扩建工程项目，均必须配套建设节水设施和使用节水型器具，并与主体工程同时设计、同时施工、同时投入使用。

4．完成指标的相关工作

城市建设（城市节水）主管部门和相关部门，在城市规划、施工图设计审查、建设项目施工、监理、竣工验收等管理环节强化"三同时"制度的落实。政府明确落实程序，建立联动机制，加强信息沟通共享，强化节水设施建设的事中、事后监管。

5．支撑材料及来源

（1）"三同时"管理文件、实施具体程序的说明材料。

（2）考核年限内新建、改建、扩建工程项目清单。

（3）"三同时"审批案例材料。

（4）资料来源：住房城乡建设、发改、自然资源、水利（务）等。

6．参考案例

某市节水"三同时"管理指标支撑资料清单案例如表 3-5 所示。

表 3-5　某市节水"三同时"管理指标支撑材料清单案例

序号	材料名称
1	××市市政公用局、市城乡建委关于印发《××市城市节水"三同时"管理办法》的通知
2	××市再生水利用设施建设工程的设计方案及其变更备案业务手册（含流程图、申请表、备案意见书等）流程图
3	××市城市节水工程设施竣工验收业务手册（含流程图、申请表、竣工验收意见书等）流程图
4	××市 2017 年建设项目市政公用设施综合配套节水审查项目汇总表
5	××市 2017 年建设项目市政公用设施综合配套节水审查意见
6	××市 2018 年建设项目市政公用设施综合配套节水审查项目汇总表
7	××市 2018 年建设项目市政公用设施综合配套节水审查意见
8	××市××地产有限公司再生水利用设施建设工程的设计方案及变更审查案卷

十二、价格管理

1．考核内容

取用地表水和地下水，均应征收水资源费（税）、污水处理费；水资源费（税）征收率不低于 95%；污水处理费（含自备水）收缴率不低于 95%，收费标准不低于国家或地方标准。有限制特种行业用水、鼓励使用再生水的价格指导意见或标准。建立供水企业水价调整成本公开和定价成本监审公开制度。居民用水实行阶梯水价。

2. 评分标准

共 10 分。具体评分标准如下：

(1) 考核年限内，水资源费（税）征收率不低于 95％，得 2 分；每低 2％扣 1 分。

(2) 考核年限内全面征收污水处理费，污水处理费（含自备水）收缴率不低于 95％，得 3 分，每低 5％扣 1 分。

(3) 污水处理费收费标准不低于国家或地方标准，得 1 分。

(4) 加强特种行业用水管理，有特种行业价格指导意见或价格标准，得 1 分。

(5) 鼓励使用再生水，有再生水价格指导意见或价格标准，得 1 分。

(6) 实施水价调整成本公开和定价成本监审公开制度，得 1 分。

(7) 居民用水实行阶梯水价，得 1 分。

3. 指标解释

加强水资源费（税）、污水处理费、再生水价格、居民用水阶梯水价、特种行业用水价格管理，利用经济杠杆促进合理用水与节约用水。

4. 完成指标的相关工作

(1) 应明确各项收费的征收单位，有严格的收费程序，按规定收取并足额上缴。

(2) 合理制定水资源费（税）、污水处理费以及再生水价格、特种行业用水价格、居民用水阶梯水价等。

5. 计算方法

$$水资源费（税）征收率 = \frac{实收水资源费（税）（万元）}{应收水资源费（税）（万元）} \times 100\%$$

应收水资源费（税）是指不同水源种类及用水类型水资源费（税）标准与其取水量之积的总和。取水量是指从天然水体或地下水的实际取水量，应根据水利系统的统计取水量计算确定。

$$污水处理费（含自备水）收缴率 = \frac{实收污水处理费（含自备水）（万元）}{应收污水处理费（含自备水）（万元）} \times 100\%$$

应收污水处理费（含自备水）是指各类用户核算污水排放量与其污水处理费收费标准之积的总和。应收污水处理费应根据收费原则，按照用水终端用户的实际用水量（即销售水量）与污水处理费的乘积之计算；而对于自备井，应按水资源费（税）的水量来计算。

具体计算过程详见第 5 章。

6. 支撑材料及来源

(1) 考核年限内各类水资源利用量汇总表、水资源费（税）征收标准；应征收计算表、缴纳情况汇总表及缴纳票据案例等材料。

(2) 考核年限内各类污水排放量（包括自备水）、污水处理费征收标准；应征收污水处理费计算表、污水处理费缴纳情况汇总表及缴纳票据案例等材料。

(3) 特种行业用水管理文件，特种行业用水价格标准。

(4) 再生水利用政策文件，再生水价格标准。

(5) 实施水价调整成本公开、定价成本监审公开的文件，实施过程有关说明材料等。

（6）居民用水阶梯水价文件、缴纳票据案例、缴纳情况总结等材料。

（7）资料来源：水利（务）局、市场监管局、供水企业、住房城乡建设、发改委等。

7. 参考案例

某市价格管理指标支撑资料清单案例如表 3-6 所示。

表 3-6　某市价格管理指标支撑材料清单案例

序号	材料名称
1	《关于水资源征费标准有关问题的通知》（发改价格〔2013〕29 号）
2	××省人民政府办公厅《关于提高污水处理费征收标准促进城市污水处理市场化的通知》（×政办发〔2004〕61 号）
3	水资源费、污水处理费收费率统计表
4	2017 年、2018 年××市城市节水基础数据表——城乡水务局
5	用水单位的发票复印件（有水资源费、污水处理费项目）
6	××水务集团《关于水价改革工作情况的汇报》
7	《××市城市供水定价成本监审报告》
8	××市物价局、××市财政局《关于调整××市城市供水价格的通知》（×价格字〔2009〕×35 号）
9	××市物价局、××市财政局《关于调整××市城市供水价格的通知》（×价格字〔2015〕26 号）
10	《关于我市再生水临时价格问题的复函》（×价格字〔2005〕×14 号）

技术指标

十三、万元地区生产总值（GDP）用水量

1. 考核内容

低于全国平均值的 40％或年降低率≥5％。统计范围为市区，不包括第一产业。

2. 评分标准

共 4 分。具体评分标准如下：

考核年限内，达到标准得 4 分，未达标准不得分。

3. 指标解释

万元地区生产总值用水量是指每产生一万元地区生产总值（GDP）从自然环境中所获取的水量，该指标是反映该城市用水效率和节水水平的综合性指标。

从自然环境中所获取的水量通常是指直接从地表和地下水源取用的总水量，不包括再生水。考虑到数据的可获取性，在计算中常用城市供水总量进行计算。

多年来，各城市采取多种有效节水措施，使万元地区生产总值用水量有了明显的下降。

4. 完成指标的相关工作

（1）按照以水定城、以水定地、以水定人、以水定产的原则，调整产业结构和布局。缺水地区严格限制新上高取水项目，禁止引进高取水、高污染的项目，鼓励发展

用水效率高的高新技术产业；水资源丰沛地区高用水行业的企业布局和生产规模要与当地水资源、水环境相协调；严格禁止淘汰的高耗水工艺和设备重新进入城市领域。

（2）加强水的循环与循序利用，大力推广污水再生利用、雨水利用、海水利用等非常规水资源利用。

（3）加大节水器具和节水技术的推广应用。

（4）加强计划用水与定额管理等。

（5）发挥经济杠杆作用，提高节水意识，促进全面节水。

5．计算方法

万元地区生产总值用水量为年用水量（按新水量计）与年地区生产总值的比值，不包括第一产业。

$$万元地区生产总值用水量 = \frac{不包括第一产业的城市年用水总量}{不包括第一产业的城市年地区生产总值}$$

$$= \frac{城市公共供水总量 + 城市自备水取水总量}{城市地区生产总值 - 第一产业地区生产总值}$$

$$万元地区生产总值用水量年降低率 = \frac{\left(\begin{array}{c}上年度万元地区生产总值用水量 - \\ 本年度万元地区生产总值用水量\end{array}\right)}{上年度万元地区生产总值用水量} \times 100\%$$

具体计算过程详见第 5 章。

6．支撑材料及来源

（1）考核年限内的城市公共供水总量，数据来源：《××市城市建设统计年报》"城市（县城）供水综合表（公共供水）"，提供部门：住房城乡建设局等。

（2）考核年限内的城市自备水取水总量，数据来源：《××市城市建设统计年报》"城市（县城）供水——自建设施供水综合表"，提供部门：水利（务）局。

（3）考核年限内的万元地区生产总值（GDP）、第一产业生产增加值（GDP），若需要计算降低率，则需提供近 3 年的地区生产总值（GDP）、第一产业生产增加值（GDP）；数据来源：统计局。

（4）万元地区生产总值（GDP）用水量全国平均值的计算方法如第 5 章表所示，数据来源：国家统计局网站、水利部《中国水资源公报》公布的数据。

7．参考案例

（1）万元地区生产总值（GDP）用水量计算表案例，如表 3-7 所示。

表 3-7　万元地区生产总值（GDP）用水量计算表

编号	项目	计算单位	20××年	20××年	数据来源或计算公式
A	用水总量（新水）	万 m³			A=A₁+A₂
A₁	其中：公共供水	万 m³			A₁=A₁₁+A₁₂
A₁₁	其中：售水量	万 m³			×××提供
A₁₂	免费水量	万 m³			
A₂	自备水	万 m³			

编号	项目	计算单位	20××年	20××年	数据来源或计算公式
B	不包括第一产业的年地区生产总值	亿元			$B=B_1-B_2$
B_1	地区生产总值（GDP）	亿元			×××提供
B_2	其中：第一产业	亿元			
C	万元地区生产总值用水量	m³/万元			$C=A\div B$
C_1	全国平均值的40%	m³/万元	×40%=	×40%=	根据国民经济和社会发展统计公报、中国水资源公报计算得出

（2）2017年、2018年某市万元地区生产总值用水量情况如表3-8所示。

表3-8　2017年、2018年某市万元地区生产总值用水量一览表

年度	地区生产总值（不含一产）（亿元）	取水总量（万 m³）	万元地区生产总值取水量（m³/万元）	全国平均值×40%（m³/万元）
2017	7098.91	47272.64	6.66	12.89（32.23×0.4）
2018	7789.98	46972.88	6.03	12.19（30.48×0.4）

（3）2017年、2018年某市分区市地区生产总值情况如表3-9、表3-10所示。

表3-9　2017年某市分区市地区生产总值

项目 地区	GDP（亿元）	GDP（亿元）不含一产	第一产业增加值（亿元）	第二产业增加值（亿元）	工业增加值（亿元）	第三产业增加值（亿元）	备注
市区	7188.52	7098.91	89.61	2690.56	2291.09	4408.35	
××南区	1095.21	1095.21		100.77	46.76	994.44	
××北区	756.57	756.57		153.37	82.02	603.2	
××区	400.63	400.63		122.2	108.57	278.41	
××区	623.13	616.65	6.48	280.16	198.01	336.49	
××岸新区	3212.71	3145.26	67.45	1174.33	1315.48	1670.93	
××区	1009.6	1006	3.6	517.36	501.88	488.64	
××经济区	90.67	78.59	12.08	42.35	38.37	36.24	

表 3-10　2018 年某市分区市地区生产总值

地区＼项目	GDP（亿元）	GDP（亿元）不含一产	第一产业增加值（亿元）	第二产业增加值（亿元）	工业增加值（亿元）	第三产业增加值（亿元）	备注
市区	7889.55	7789.98	99.57	2903.23	2418.77	4886.75	
××南区	1203.37	1203.37		115.12	49.52	1088.25	
××北区	832.2	832.2		174.26	86.16	657.94	
××区	453.53	453.53		132.96	116.16	320.57	
××区	697	688.68	8.32	314.58	209.84	374.1	
××岸新区	3517.07	3443.37	73.7	1578.2	1395.45	1865.17	
××区	1079.02	1075.74	3.28	538.87	520	536.87	
××经济区	107.36	93.09	14.27	49.21	41.64	43.85	

（4）2017 年、2018 年某市城市建设统计年报如表 3-11、表 3-12 所示。

表 3-11　2017 年某市城市建设统计年报

序号	地区名称	综合生产能力（万 m³/d）	地下水	供水管道长度（kg）	建成区	供水总量（万 m³）					用水户数（户）	家庭用户	用水人口（万人）
						合计	生产运营用水	公共服务用水	居民家庭用水	其他用水			
甲		1	2	3	4	5	6	7	8	9	10	11	12
1	××	277.99	30.28	8845.47	8706.22	65946.80	22218.27	9288.30	24584.47	716.20	2057194	1945848	628.90
2	××市	200.49	9.98	6522.21	6500.96	47272.64	14339.31	7354.51	17922.19	628.09	1619819	1538827	445.83
3	市内三区	90.13	0.03	3081.92	3081.92	18622.10	3014.68	3475.00	7790.00	469.04	1222623	1171.319	223.97
4	××区	71.83		1295.36	1295.36	12805.07	5716.58	2237.95	3126.67	4.70	220715	196420	96.95
5	××区	8.92	0.02	374.23	352.98	5498.04	1028.00	880.65	3229.04	0.35	9790	9267	43.87
6	××区	28.11	8.43	1605.00	1605.00	8919.00	3700.00	699.00	3435.00	154.00	137970	133738	70.93
7	××经济区	1.50	1.50	165.70	165.70	1428.43	880.05	61.91	341.48		28721	28083	10.11
8	××市	18.00	6.00	447.83	447.83	4461.16	1540.88	664.01	1498.49	14.11	105095	86015	45.53
9	××市	30.50		761.00	714.00	7385.00	4072.00	444.00	2379.00	2.00	153054	147776	58.30
10	××市	13.50	8.70	571.00	536.00	3564.00	837.00	353.00	1858.00	72.00	69998	66244	47.60
11	××市	15.50	5.60	543.43	507.43	3264.00	1429.08	472.78	926.79		109228	106986	31.64

表 3-12　2018 年某市城市建设统计年报

序号	地区名称	综合生产能力（万 m³/d）	地下水	供水管道长度（km）	建县城区	供水总量（万 m³）					用水户数（户）	家庭用户	用水人口（万人）
						合计	生产运营用水	公共服务用水	居民家庭用水	其他用水			
甲		1	2	3	4	5	6	7	8	9	10	11	12
1	××	282.38	20.89	9152.68	8660.45	63427.26	20681.12	12424.16	21554.58	315.14	2131492.00	1960117.00	639.79
2	××市	240.38	9.83	7531.21	7109.98	53234.88	18087.32	9609.89	18523.70	198.17	1850818.00	1709527.00	512.70

续表

序号	地区名称	综合生产能力（万m³/d）	地下水	供水管道长度（km）	建县城区	合计	供水总量（万m³）				用水户数（户）	家庭用户	用水人口（万人）
							生产运营用水	公共服务用水	居民家庭用水	其他用水			
甲		1	2	3	4	5	6	7	8	9	10	11	12
3	市内三区	90.13	0.03	3266.00	3266.00	18886.03	3013.51	4791.15	7554.12	8.04	1256192.00	1182663.00	226.68
4	××区	40.00		770.00	723.00	6262.00	3450.80	207.00	1978.00	4.20	192991.00	159031.00	59.46
5	××区	72.13	0.18	1341.98	1341.98	13166.72	5854.77	2409.12	3448.23	40.58	240478.00	214860.00	99.55
6	××区	8.92	0.02	374.23		5105.49	1183.49	1178.00	2395.65	0.35	11494.00	10984.00	44.59
7	××区	27.00	7.40	1617.00	1617.00	7831.17	3119.31	657.00	3079.00	145.00	134945.00	129073.00	72.05
8	××经济区	2.20	2.20	162.00	162.00	1983.47	1465.44	367.62	68.70		14718.00	12916.00	10.37
9	××市	15.00	3.00	453.72	453.72	3775.49	900.30	1048.90	1212.16	16.40	114471.00	94134.00	45.90
10	××市	14.00	8.00	619.00	584.00	3501.00	978.00	1014.00	1053.00	99.00	62002.00	58177.00	48.37
11	××市	13.00	0.06	548.75	512.75	2915.89	715.50	751.37	765.72	1.57	104201.00	98279.00	32.82

十四、城市非常规水资源利用

1. 考核内容

京津冀区域再生水利用率≥30％；缺水城市再生水利用率≥20％；其他地区城市非常规水资源替代率≥20％或年增长率≥5％。

2. 评分标准

共6分。具体评分标准如下：

考核年限内，达到标准得6分。每低5％或增长率每低1％扣1分。高出标准的，每增加5％加0.5分，最高加1分。

3. 指标解释

城市非常规水资源是指地表水和地下水以外的水资源，包括再生水、海水、雨水、矿井水、苦咸水等。

城市再生水利用率是指城市再生水利用总量占污水处理总量的比值。城市再生水利用量是指污水经处理后出水水质符合《城市污水再生利用》等标准相应水质标准的再生水，包括城市污水处理厂再生水和建筑中水用于工业生产、景观环境、市政杂用、绿化、车辆冲洗、建筑施工等方面的水量，不包括工业企业内部的回用水。城市污水处理总量是指经市政管网进入污水处理厂处理的城市污水量。

城市非常规水资源替代率表示再生水、海水、雨水、矿井水、苦咸水等非常规水资源利用总量与城市用水总量（新水量）的比值。

城市雨水利用量是指经工程化收集与处理后达到相应水质标准的回用雨水量，包括回用于工业生产、生态景观、市政杂用、绿化、车辆冲洗、建筑施工等方面的水量。建筑与小区雨水回用量参照《民用建筑节水设计标准》（GB 50555）、《建筑与小区雨水控制及利用工程技术规范》（GB 50400）计算。

城市海水、矿井水、苦咸水利用量是指经处理后出水水质达到国家或地方相应水质标准并利用的海水、矿井水、苦咸水，包括回用于工业生产、生态景观、市政杂用、绿化等方面的水量。用于直流冷却的海水利用量，按其用水量的 10％纳入非常规水资源利用总量。

缺水地区是指年人均水资源量小于 600m³ 或多年平均降雨量小于 200mm 的地区。

4. 完成指标的相关工作

（1）污水再生利用

强化规划引领统筹，确定污水再生利用的重点区域和领域，优化设施布局，并强化再生水水质监管。主要工程任务包括：

① 合理规划布局和建设污水再生利用设施。转变过去在城市下游"大截排、大集中"建设污水处理与再生利用设施的思路，从有利于污水处理资源化利用及城市河道生态补水角度出发，优化布局、集散结合、适度分布，加快污水再生利用。

② 实施污水再生利用设施建设与改造。一是再生水相关基础设施建设。以缺水及水污染严重区域为重点，完善再生水利用设施。加快污水处理厂配套管网建设，提升污水收集处理水平，现有污水处理设施应结合再生水利用需求，完成提标改造。建成区水体水质达不到地表水Ⅳ类标准的城市，新建城镇污水处理设施要执行一级 A 排放标准，或者根据水体补水需求进一步提升水质标准。二是再生水储存设施及再生水输配管网的建设。有关工程的设计和建设应符合《住房城乡建设部关于印发城镇污水再生利用技术指南（试行）的通知》（建城〔2012〕197 号）要求，并遵循《城镇污水再生利用工程设计规范》（GB 50335）。

③ 再生水生态和景观补水系统建设。结合城市黑臭水体整治及水生态修复工作，重点将再生水用于河道水量补充，可有效提高水体的流动性。主要包括两类工程：一是对已经完成控源截污及内源治理等的水体，实施再生水补水，需建设市政再生水补源管道、泵站等设施；二是对短期内无法实现全面截污纳管、无替换或补充水源的黑臭水体，通过选用适宜的污废水处理装置，对污废水和黑臭水体进行就地或旁路处理，经净化后排入水体，实现水体的净化和循环流动。

（2）雨水利用

充分发挥海绵城市建设的作用，通过"渗、滞、蓄、净、用、排"等措施，强化城市降雨径流的滞蓄利用，下渗补给地下水。收集雨水通常可用于景观用水、绿化用水、循环冷却系统补水、汽车冲洗用水、路面地面冲洗用水、冲厕、消防、地下水回灌等。雨水回收利用应执行国家现行规范《建筑与小区雨水利用工程技术规范》（GB 50400）的有关规定，一般多年平均降雨量低于 600mm 的地区不宜建设雨水直接回收利用工程，确有必要的，宜采用简单的回收利用措施。

① 雨水净化利用设施建设。可采用生态或传统方法净化雨水，包括生物滞留设施、雨水湿地、雨水收集罐等，具体工艺可结合海绵城市建设，充分考虑下垫面的性质、雨水水质水量以及回用水水质水量需求等因素，经技术经济比较后确定。

② 雨水调蓄储存设施建设。可结合海绵城市建设，因地制宜地采用生态或人工设施调蓄储存雨水，如人工或自然水体、蓄水池或聚丙烯（PP）模块蓄水池等。

（3）海水利用

海水利用应当因地制宜，工程任务主要包括两部分：

① 海水直接利用及输配管网工程。主要包括取水设施、输配水管道、简单处理设

施以及提升泵站等，主要用于工业领域。

② 海水淡化水利用工程。海水淡化主要包括膜法、热法及热膜耦合等淡化设施。淡化后的海水，主要用于工业生产领城、沿海地区缺水城市和海岛的生活用水补充用水。

具体工程主要包括海水淡化设施建设、"点对点"输配水管网建设、海水淡化水掺混调节池等设施建设。

（4）矿井水及苦咸水利用

加快推动矿井水及苦咸水利用设施建设。水质符合标准的矿井水可直接用于生活和生产。具体工程主要包括两部分：一是矿井水及苦咸水取用及输配管网建设，主要包括取水设施、输配管道、泵站等；二是矿井水及苦咸水处理设施建设，根据水质成分的不同，可采用混凝沉淀、消毒等工艺。苦咸水的淡化方法与海水淡化类似。

5. 计算方法

$$城市再生水利用率 = \frac{城市再生水利用总量}{城市污水处理总量} \times 100\%$$

$$\begin{aligned}城市非常规\\水资源替代率\end{aligned} = \frac{非常规水资源利用总量}{城市用水总量（新水量）} \times 100\%$$

$$= \frac{非常规水资源利用总量}{城市公共供水总量 + 城市自备水取水总量} \times 100\%$$

$$城市非常规水资源替代年增长率 = 本年度城市非常规水资源替代率 - \\ 上一年度城市非常规水资源替代率$$

具体计算过程详见第 5 章。

6. 支撑材料及来源

（1）京津冀地区

① 考核年限内年度城市污水处理总量。

② 考核年限内年度再生水利用总量（包括建筑中水利用总量），相关支撑材料。

（2）缺水城市

① 城市多年平均降雨量、年人均水资源量情况。

② 考核年限内年度城市污水处理总量。

③ 考核年限内年度再生水利用总量（包括建筑中水利用总量），相关支撑材料。

（3）其他城市

① 城市多年平均降雨量、年人均水资源量情况。

② 考核年限的年城市公共供水总量、自备水总量。

③ 非常规水利用总量及其雨水、再生水等分项利用水量，相关支撑材料。

（4）再生水、雨水等非常规水利用水质报告。

（5）资料来源：供水企业、排水公司、住房城乡建设、城管、非常规水用水单位、水利（务）、气象、统计局等部门和单位。

7. 参考案例

（1）城市再生水利用率计算表案例如表 3-13 所示。

表 3-13　城市再生水利用率计算表案例

编号	项目	计算单位	20××年	20××年	数据来源或计算公式
A	再生水利用总量	万 m³			A＝A₁＋A₂＋A₃＋A₄＋A₅
A₁	河道补水利用量	万 m³			×××提供
A₂	市政绿化利用量	万 m³			×××提供
A₃	工业利用量	万 m³			×××提供
A₄	其他用途的利用量	万 m³			×××提供
A₅	建筑中水利用量	万 m³			×××提供
B	城市污水处理总量	万 m³			×××提供
C	城市再生水利用率	%			C＝A÷B×100%

（2）城市非常规水资源替代率计算表案例，如表 3-14 所示。

表 3-14　城市非常规水资源替代率计算表案例

编号	项目	计算单位	20××年	20××年	数据来源或计算公式
A	非常规水资源利用总量	万 m³			A＝A₁＋A₂＋A₃＋A₄＋A₅
A₁	再生水利用量	万 m³			×××提供
A₂	雨水利用量	万 m³			×××提供
A₃	海水利用量（折算后）	万 m³			×××提供
A₄	矿井水等其他利用量	万 m³			×××提供
B	城市用水总量（新水量）	万 m³			B＝B₁＋B₂
B₁	城市公共供水总量	万 m³			×××提供
B₂	城市自备水取水总量	万 m³			
C	城市非常规水资源替代率				C＝A÷B×100%

（3）2017 年、2018 年某市市区再生水利用率的案例，如表 3-15 所示。

表 3-15　2017 年、2018 年某市市区再生水利用率一览表

年度	再生水利用量（万 m³）	污水处理量（万 m³）	再生水利用率（%）
2017	12292	39000	31.5
2018	19693	56370	34.9

（4）2017 年、2018 年某市城市非常规水资源利用量统计的案例如表 3-16 所示。

表 3-16　2017 年、2018 年某市城市非常规水资源利用量统计表　　万 m³

时间	非常规水资源利用量	再生水利用量	海水直接利用量（10%计入）	海水淡化量
2017 年	28013	12292	13400	2321
2018 年	37325	19693	14400	3232

51

十五、城市供水管网漏损率

1. 考核内容

制订供水管网漏损控制计划，通过实施供水管网分区计量管理、老旧管网改造等措施控制管网漏损。城市公共供水管网漏损率≤10%。

2. 评分标准

共 6 分。具体评分标准如下：

（1）制订供水管网漏损控制计划，实施供水管网分区计量管理，推进老旧管网改造，得 2 分。

（2）考核年限内，城市公共供水管网漏损率达到标准，得 4 分；每超标准 1% 扣 0.5 分，每低 0.5% 加 0.5 分，最高加 1 分。

3. 指标解释

城市供水管网漏损率：城市公共供水总量和城市公共供水注册用户用水量之差与城市公共供水总量的比值，按《城镇供水管网漏损控制及评定标准》（CJJ 92—2016）的规定修正核减后的漏损率计。考核范围为城市公共供水。

城市公共供水注册用户用水量是指水厂将水供出厂外后，各类注册用户实际使用到的水量，包括计费用水量和免费用水量。计费用水量指收费供应的水量，免费用水量指无偿使用的水量。

4. 完成指标的相关工作

管网漏损控制措施主要包括：

一是改造老旧供水管网。对使用年限超过 50 年的供水管网、材质落后和受损失修的管网实施更新改造。同时，排查和修复漏损供水管网；

二是开展管网独立分区计量管理（DMA）。在普查基础上建立公共供水管网信息系统，开展管网独立分区计量体系的建设，并完成相应的管网分区局部改造、泵站改造、分区阀门及计量设备安装等工程；

三是居民小区漏损控制。结合小区二次供水设施改造，有计划地同步实施小区漏损管网改造。强化居住小区计量管理，实行一户一表，建立小区 DMA 管理模式，健全总分表匹配和分析机制，实施三级计量防漏；

四是公共机构和建成区工业企业漏损控制。对于城市建成区内、用水量达到一定标准（各地因地制宜确定）的公共机构和工业企业用水大户，应当在抓好水平衡测试的前提下，严控使用环节漏损，主要包括内部管网漏损检查与修复、计量水表二级或三级改造。

5. 计算方法

计算方法应按 2019 年 2 月 1 日实施的《城镇供水管网漏损控制及评定标准》（CJJ 92—2016）局部修订版执行，具体如下：

（1）漏损指标应包括综合漏损率和漏损率，其中评定指标为漏损率。漏损率应按两级进行评定，一级为 10%，二级为 12%。

（2）供水单位应根据《城镇供水管网漏损控制及评定标准》（CJJ 92—2016）按表 3-17 进行水量统计和水平衡分析，并应按年度确定供水总量和漏损水量。

表 3-17 水量平衡表

				计费计量用水量
自产供水量	供水总量	注册用户用水量	计费用水量	计费未计量用水量
			免费用水量	免费计量用水量
				免费未计量用水量
		漏损水量	漏失水量	明漏水量
				暗漏水量
				背景漏失水量
				水箱、水池的渗漏和溢流水量
外购供水量			计量损失水量	居民用户总分表差损失水量
				非居民用户表具误差损失水量
			其他损失水量	未注册用户用水和用户拒查等管理因素导致的损失水量

（3）供水单位的漏损率应按下列公式计算：

$$R_{BL} = R_{WL} - R_n$$

$$R_{WL} = [Q_S - Q_a / Q_S] \times 100\%$$

式中 R_{BL}——漏损率（%）；

R_{WL}——综合漏损率（%）；

R_n——总修正值（%）；

Q_S——供水总量（万 m^3）；

Q_a——注册用户用水量（万 m^3）。

修正值应包括居民抄表到户水量的修正值、单位供水量管长的修正值、年平均出厂压力的修正值和最大冻土深度的修正值。

总修正值应按下式计算：

$$R_n = R_1 + R_2 + R_3 + R_4$$

式中 R_n——总修正值（%）；

R_1——居民抄表到户水量的修正值（%）；

R_2——单位供水量管长的修正值（%）；

R_3——年平均出厂压力的修正值（%）；

R_4——最大冻土深度的修正值（%）。

① 居民抄表到户水量的修正值应按下式计算：

$$R_1 = 0.08r \times 100\%$$

式中 R_1——居民抄表到户水量的修正值（%）；

r——居民抄表到户水量占总供水量的比例。

② 单位供水量管长的修正值应按下式计算：

$$R_2 = 0.99(A - 0.0693) \times 100\%$$

$$A = L / Q_S$$

式中 R_2——单位供水量管长的修正值（%）；

A——单位供水量管长（km/万 m^3）；

L——DN75（含）以上管道长度（km）。

当 R_2 值大于 3% 时，应取 3%；当 R_2 值小于 −3% 时，应取 −3%。

③ 年平均出厂压力大于 0.35MPa 且小于或等于 0.55MPa 时，修正值应为 0.5%；年平均出厂压力大于 0.55MPa 且小于或等于 0.75MPa 时，修正值应为 1%；年平均出厂压力大于 0.75MPa 时，修正值应为 2%。

④ 最大冻土深度大于 1.4m 时，修正值应为 1%。

具体计算过程详见第 5 章。

6. 支撑材料及来源

（1）公共供水企业制订的漏损控制计划、实施分区计量管理情况、老旧管网改造情况。

（2）考核年限内，供水量、注册用户用水量分类明细。

（3）供水压力、冻土深度、居民一户一表情况、供水管径及其长度。

（4）资料来源：城市建设统计年鉴、供水企业。

7. 参考案例

（1）城市供水管网漏损率计算表案例如表 3-18 所示。

表 3-18　城市供水管网漏损率计算表

编号	项目	计算单位	20××年	20××年	数据来源或计算公式
A	城市公共供水总量	万 m^3			×××提供
B	城市公共供水注册用户用水量	万 m^3			$B=B_1+B_2$
B_1	计费用水量	万 m^3			×××提供
B_2	免费用水量	万 m^3			
C	修正值	%			$C=C_1+C_2+C_3+C_4$
C_1	居民抄表到户水量修正值	%			
C_2	单位供水量管长修正值	%			
C_3	年平均出厂压力修正值	%			
C_4	最大冻土深度修正值	%			
D	修正后漏损率	%			$D=(A-B)÷A×100\%-C$

（2）某市城市公共供水管网综合漏损率计算过程及结果的案例如表 3-19 所示。

表 3-19　某市城市公共供水管网综合漏损率计算过程及结果

年份	总供水量（万 m^3）	公共供水注册用户用水量（万 m^3）	计算过程
2017	45990.93	39696.54	$(45990.93-39696.54)/45990.93×100\%=13.69\%$
2018	45856.64	40206.80	$(45856.64-40206.80)/45856.64×100\%=12.32\%$

注：管网综合漏损率＝（供水总量−注册用户用水量）/供水总量×100%。

（3）某自来水集团有限公司公共供水管网漏损控制方案的案例如图 3-4 所示。

为进一步控制供水管网漏损，不断提升管网管理水平，根据国务院《水污染防治行动计划》要求，特制定供水管网漏损控制方案。

一、总体目标

到 2017 年，供水管网漏损率控制在 12%以内；到 2020 年，控制在 10%以内。

二、整治计划

计划结合年度固定资产投资计划，分批分步对老旧井室、管道等供水设施进行改造，同时结合国内同行水司先进降漏控损经验，逐步试点推广分区计量。

三、为了顺利完成 2020 年计划，将采取的措施

1. 强化管网漏损率目标责任制。

分解目标，落实责任，完善考核。管网漏损率指标，是供水的主要经济效益指标，与企业的稳步发展和职工的切身利益有着密不可分的联系。根据××集团年度计划实施意见，将管网漏损率指标进行层层分解，落实到各分公司甚至各管线所，实行月考月评。同时将管网漏损率完成情况纳入到各单位绩效考核范畴，加强监督，年终进行单项考评，落实奖惩。

2. 细化对供水产销差率的分析制度，加强管网漏损率控制。

图 3-4 某自来水集团有限公司公共供水管网漏损控制方案案例

每月对当月××集团供水量、售水量和供水产销差率、管网漏损率完成情况进行统计和分析，编写相应的情况分析报告；定期组织相关单位和部门召开"管网漏损率分析专题会议"，加强对管网漏损率专项检查工作。

3. 重点加大免费水区域治理。

××因政策原因对部分城中村居民生活享受免费使用自来水的状况，该政策一直延续到现在，免费水量由改革开放初期的几十万立方米/年猛增到现在的二、三百万立方米/年，最高时达到五、六百万立方米/年，严重挤占了企业的生产经营成本和经济利益。各管线管理所，要继续加大免费水区域管网巡查、检修力度，扩大免费水区域普查范围，对不符合免费用水政策的用户加装贸易结算水表，控制免费水量增长，使免费水量基本控制在250万 m³/年。

4. 加强管网改造及检漏工作。

积极争取市财政，继续对使用年限较长、老化严重、危及供水安全的供水管网进行改造。推进管理、巡检、应急处置一体化管理，进一步完善网格化巡检机制，采取定人、定事、定责等"九九工作法"，增加巡检人员，调整巡线时间，加大巡检密度，提高巡线质量，确保及时发现明漏；引入三支第三方检漏公司，采取交叉互检和缩短检漏周期，力争及早发现暗漏；在实施无缝隙式管线管理的同时，加强跟路、交底及旁站监护，提高应急处置能力。

5. 加强计量器具管理，提高计量技术和计量管理水平。

一是严格执行水表定期检定制度，定期对水厂、加压站等分

图 3-4　某自来水集团有限公司公共供水管网漏损控制方案案例（续）

界流量计进行巡检、校核、分析和比对，确保计量准确；二是加大水表的抽查力度，分析总结水表误差变化趋势；加强水表维修质量监督，提高维修质量；三是积极推广应用高灵敏度、高精度的智能水表及水表远传监控系统，减少水量漏失，提高经济效益。

6. 开展一系列水平衡测试工作，进行区域检漏工作；通过实施分区计量，层层控制管网漏损率。

由于××集团南部分公司地处老城区，目前暂未对各管线所进行分区计量，为降低管网漏损率，各所要对辖区内的较大用户、小区进行分区计量，通过该方法，有效的缩小检漏范围，提高工作效率。

7. 根据生产需要，开展多渠道、多形式的业务交流和技术培训。

要结合智能水表及远传监控系统推广应用工作，举办智能水表及远程监控技术与应用培训班，组织远传厂家和智能水表厂家到海润集团对相关工作人员进行业务指导和培训，提高科学计量水平。加强同行业之间的学习交流，积极安排相关人员参加各种年会、交流会；与兄弟水司在加强计量管理、控制管网漏损率方面进行广泛深入的探讨。

四、下一步的打算

1. 试点小区分区计量，加大分区计量投资力度，以降低××集团管网漏损率。

2. 继续推广远传智能水表，结合营业工作，建立常设的、数字化的漏水检测控制系统，从而达到对管网持续、稳定检测控制的目的，全面提升管网管理能力，不断提高××集团工作效率和经济效益。

图 3-4 某自来水集团有限公司公共供水管网漏损控制方案案例（续）

十六、节水型居民小区覆盖率

1. 考核内容

节水型居民小区覆盖率≥10%。

2. 评分标准

共3分。具体评分标准如下：

考核年限内，达到标准得3分，每低1%扣0.5分。

3. 指标解释

节水型居民小区覆盖率：省级节水型居民小区或社区居民户数与城市居民总户数的比值。省级节水型居民小区是指达到省级节水型居民小区评价办法或标准要求，由省级主管部门会同有关部门批准公布的居民小区。

4. 完成指标的相关工作

（1）开展节水型居民小区创建工作，小区内节水型器具普及率达到100%，积极利用再生水、雨水等非常规水资源，绿化实施节水喷灌，一户一表，计量完好，杜绝管网和用水器具的跑冒滴漏现象，经常性开展节水宣传。

（2）节水型居民小区应达到省级标准要求，并通过验收。

5. 计算方法

$$节水型居民小区覆盖率=\frac{省级节水型居民小区或社区居民户数}{城市居民总户数}\times100\%$$

具体计算过程详见第5章。

6. 支撑材料及来源

（1）省级命名文件。

（2）城市居民总户数统计表。

（3）省级节水型居民小区总户数统计表。

（4）资料来源：节水主管部门、地方统计年鉴、公安局、节水统计报表等。

7. 参考案例

（1）节水型居民小区覆盖率计算表案例如表3-20所示。

表3-20　节水型居民小区覆盖率计算表

编号	项目	计算单位	20××年	20××年	数据来源或计算公式
A	节水型居民小区或社区户数	户			×××年报或×××提供
B	城市居民总户数	户			×××年报或×××提供
C	节水型居民小区覆盖率	%			C=A÷B×100%

（2）某市2018年节水型小区统计情况的案例如表3-21所示。

表3-21　某市节水型居民小区统计表

序号	节水型居民小区名称	创建时间	户数	
			2017年	2018年
1	××特城A区	2015年	940	940
2	××民生花园小区	2015年	4927	4927

续表

序号	节水型居民小区名称	创建时间	户数	
			2017 年	2018 年
3	凤××城	2015 年	2400	2400
4	××雅居	2015 年	518	518
5	××花园 B 区	2015 年	1700	1700
6	××新村	2015 年	2289	2289
7	××之城	2015 年	24972	24972
8	××山庄	2015 年	503	503
9	××馨苑	2015 年	15022	15022
10	××海岸	2015 年	700	700
11	××国际公寓	2017 年	501	501
12	××源居	2017 年	862	862
13	××广场	2017 年	635	635
14	××府	2017 年	1356	1356
15	××城市花园	2017 年	2403	2403
16	××城	2017 年	404	404
17	××嘉园	2017 年	3848	3848
18	××之韵（四期）	2017 年	4059	4059
19	××河嘉园	2017 年	1984	1984
20	××馨苑小区	2017 年	720	720
21	××城 B 区	2017 年	702	702
22	××印象·湾	2017 年	3304	3304
23	××上流小区	2017 年	2250	2250
24	××福苑	2018 年		456
25	××高山	2018 年		3500
26	××源向上	2018 年		483
27	××花都	2018 年		508
28	××悠山郡	2018 年		2974
29	××南岭风情	2018 年		464
30	××鼎世华府	2018 年		4618
31	××新城	2018 年		9702
32	××生态城	2018 年		2465
33	××国际社区	2018 年		12693
34	××世纪城	2018 年		20000
35	××长春花园	2018 年		4828
36	××风度	2018 年		6726
37	××东城国际	2018 年		3448
38	××花园	2018 年		2268
39	××含章	2018 年		2616
40	××瑞城	2018 年		1606
41	××泰星河城	2018 年		5126
合计			76999	161480

（3）青岛市关于开展节水型居民小区创建活动的通知的案例如图 3-5 所示。

青岛市城市节约用水办公室
青岛市物业管理办公室 文件

青城节水〔2018〕2 号

青岛市城市节约用水办公室
青岛市物业管理办公室
关于开展节水型居民小区创建活动的通知

各区（市）节水主管部门、物业行政管理部门，各物业服务企业：

为全面贯彻落实党的十九大精神，实施国家节水行动，完成国务院《水污染防治行动计划》和省政府《山东省落实<水污染防治行动计划>实施方案》确定的任务目标，推进节水型城市建设，决定在全市范围内开展节水型居民小区创建活动。现将有关事项通知如下：

一、创建范围

市南区、市北区、李沧区、崂山区、城阳区、黄岛区、即墨区、胶州市、平度市、莱西市等区（市）的建成区范围内，实行

图 3-5 青岛市关于开展节水型居民小区创建活动的通知案例

物业管理的居民小区。

二、创建数量及时间安排

各区（市）每年创建节水型居民小区数量不少于 2 个。

本年度的申报截止日期为：2018 年 4 月 13 日。

三、申报程序

各区（市）节水主管部门负责本辖区节水型居民小区的组织、创建和申报工作。各区（市）物业行政管理部门应积极做好协调配合工作。

各区（市）节水主管部门会同街道办事处组织居民小区，依据《山东省节水型社区（居住小区）标准》开展创建工作，自评得分需达到 90 分以上。申报材料（一式六份）盖章后，上报所在区（市）节水主管部门，经各区（市）节水主管部门审核后，报送市城市节约用水办公室（同时报送电子版）。

四、验收程序

市城市节约用水办公室将对上报的申报材料进行初审。通过初审的，组织专家进行现场考核验收。验收程序为：听取汇报→核查资料→现场检查→形成验收意见。验收合格的，授予"青岛市节水型居民小区"荣誉称号，并推荐申报山东省节水型社区（居住小区）。

对在创建节水型居民小区活动中做出突出贡献的先进单位和个人给予表彰。

五、有关要求

图 3-5 青岛市关于开展节水型居民小区创建活动的通知案例（续）

（一）切实加强组织领导。各区（市）节水主管部门要高度重视节水型居民小区创建活动，会同各区（市）物业行政管理部门和辖区街道办事处，对本辖区内的居民小区进行排查摸底，组织和督促各小区社区居委会、业主委员会、物业服务企业创造条件，加强管理，加大投入，积极开展节水型居民小区创建活动。

（二）积极开展培训指导。各区（市）节水主管部门要安排专人负责节水型居民小区创建工作，积极开展培训指导，严格申报把关。要组织和指导创建单位对照《山东省节水型社区（居住小区）标准》逐项逐条认真梳理，查漏补缺，切实提高小区的节水管理水平，形成高质量的申报材料。

（三）全面落实创建任务。各创建居民小区要成立节水型居民小区创建工作领导小组和工作机构，建立健全节水工作机制和管理制度，积极落实各项节水措施，强化节水宣传教育，提高居民的节水意识，普及节水方法。要抓紧落实和完成各项考核指标，按期提报申报材料，争取早日成为节水型居民小区。

附件：1. 青岛市节水型居民小区考评验收细则
2. 山东省节水型社区（居住小区）标准
3. 节水型居民小区申报材料（模板）

图 3-5　青岛市关于开展节水型居民小区创建活动的通知案例（续）

十七、节水型单位覆盖率

1. 考核内容
节水型单位覆盖率≥10%。

2. 评分标准
共 3 分。具体评分标准如下：
考核年限内，达到标准得 3 分，每低 1% 扣 0.5 分。

3. 指标解释
节水型单位覆盖率：省级节水型单位年用水量之和与城市非居民、非工业单位年用水总量的比值，按新水量计。

省级节水型单位是指达到省级节水型单位评价办法或标准要求，由省级主管部门会同有关部门公布的非居民、非工业用水单位。

4. 完成指标的相关工作
（1）开展节水型单位创建工作。单位主管领导负责节水工作且建立会议制度，设立节水主管部门和专（兼）职节水管理人员，建立计划用水和节约用水的具体管理制度及计量管理制度；实行指标分解或定额管理；制订节水指标和年度节水计划；旅馆、机关、办公楼、学校、医院、商场等民用建筑的水表计量率、用水设施漏损率、卫生洁具设备漏水率、空调设备冷却水循环利用率、锅炉蒸汽冷凝水回收率等符合有关标准要求。定期开展水平衡测试，有水平衡测试报告；再生水、雨水利用情况符合当地有关标准的要求，绿化实施节水喷灌，具备健全的节水管理网络和明确的岗位责任制；开展经常性节水宣传教育。

（2）节水型单位应达到省级标准要求，并通过验收。

5. 计算方法

$$节水型单位覆盖率 = \frac{省级节水型单位年用水总量新水量}{\left[\begin{array}{c}年城市用水总量（新水量）－年城市工业用水总量\\（新水量）－年城市居民生活用水总量（新水量）\end{array}\right]} \times 100\%$$

具体计算过程详见第 5 章。

6. 支撑材料及来源

（1）省级命名文件。

（2）考核年限内年城市供水总量、年城市工业用水总量、年城市居民用水总量。

（3）考核年限内省级节水型单位年用水总量。

（4）资料来源：节水主管部门、节水型单位、供水企业、节水统计报表、机关事务管理局等。

7. 参考案例

（1）节水型单位覆盖率计算表案例如表 3-22 所示。

表 3-22　节水型单位覆盖率计算表

编号	项目	计算单位	20××年	20××年	数据来源或计算公式
A	省级节水型单位年用水总量	万 m³			×××提供或××年鉴
B	年城市用水总量（新水量）	万 m³			
B₁	年城市工业用水总量（新水量）	万 m³			×××提供或××年鉴
B₂	年城市居民生活用水总量（新水量）	%			
C	节水型单位覆盖率	%			C＝A÷（B－B₁－B₂）×100%

（2）2017 年、2018 年某市省级节水型单位取水量案例如表 3-23 所示。

表 3-23　2017 年、2018 年某市省级节水型单位取水量　　　　单位：m³

序号	单位名称	创建时间	2017 年取水量	2018 年取水量	备注
1	××大学医学院附属医院	2001	343000	372150	
2	××大饭店有限公司	2002	259650	54930	
3	××大酒店有限公司	2005			停产
4	××医疗集团	2007	201450	220360	
5	××黄海饭店	2007	98060	10020	
6	××丰和物业管理有限公司	2007			停产

续表

序号	单位名称	创建时间	2017 年取水量	2018 年取水量	备注
7	××皇冠假日酒店	2007	124480	132020	
8	中国××大学	2008	970582	1169990	
9	××市市级机关东部管理中心	2017	96960	72134	
10	××大学	2017	2333028	2516256	
11	××理工大学	2017	600415	630155	
12	××科技大学（××校区）	2017	1044507	1239822	
13	××科技大学（××校区）	2017	716155	800566	
14	××科技大学	2017	1677845	1952466	
15	××市××区机关后勤服务中心	2017	15135	13925	
16	××市××区妇幼保健计划生育服务二中心	2017	5510	5092	
17	××市第八人民医院	2018		265549	
18	××市国税局	2018		26582	
	合计		8486777	9682017	

十八、城市居民生活用水量

1. 考核内容

城市居民生活用水量〔L/（人·日）〕不高于《城市居民生活用水量标准》（GB/T 50331）的指标。

2. 评分标准

共 2 分。具体评分标准如下：

超过《城市居民生活用水量标准》（GB/T 50331）的不得分。

3. 指标解释

城市居民生活用水量：城市居民家庭年平均日常生活使用的水量，包括使用公共供水设施或自建供水设施供水的量。

4. 计算方法

$$城市居民生活用水量 = \frac{城市居民家庭生活用水量}{城市用水人口数} \div 365 \times 1000$$

具体计算过程详见第 5 章。

5. 支撑材料及来源

（1）考核年限内城市居民家庭生活用水总量。

（2）考核年限内城市用水人口。

（3）数据来源：城市建设统计年鉴、地方年鉴、供水企业、水利（务）局等。

6. 参考案例

（1）城市居民生活用水量计算表案例，如表 3-24 所示。

表 3-24　城市居民生活用水量计算表

编号	项目	计算单位	20××年	20××年	数据来源或计算公式
A	城市居民生活用水总量	万 m³			
A₁	其中：公共供水	万 m³			×××提供或×××年鉴
A₂	自备水	万 m³			
B	城市供水范围常住人口	万人			
C	城市居民生活用水量	L/（人·日）			C＝A÷B÷365×1000
D	城市居民生活用水量标准	L/（人·日）			《城市居民生活用水量标准》（GB/T 50331）

（2）城市居民生活用水量标准如表 3-25 所示。

表 3-25　城市居民生活用水量标准

地域分区	日用水量 [L/（人·d）]	适用范围
一	80～135	黑龙江、吉林、辽宁、内蒙古
二	85～140	北京、天津、河北、山东、河南、山西、陕西、宁夏、甘肃
三	120～180	上海、江苏、浙江、福建、江西、湖北、湖南、安徽
四	150～220	广西、广东、海南
五	100～140	重庆、四川、贵州、云南
六	75～125	新疆、西藏、青海

（3）2017 年、2018 年某市城市居民生活用水量如表 3-26 所示。

表 3-26　2017 年、2018 年某市城市居民生活用水量一览表

年度	居民生活用水量（万 m³）	免费水量（万 m³）	城市居民人口（万人）	居民生活用水量 L/（人·d）
2017	17922.19	734.15	445.83	112.5
2018	16545.70	543.97	453.24	102.4

十九、节水型器具普及

1. 考核内容

禁止生产、销售不符合节水标准的用水器具；定期开展用水器具检查，生活用水器具市场抽检覆盖率达 80% 以上，市场抽检在售用水器具中节水型器具占比 100%；公共建筑节水型器具普及率达 100%。鼓励居民家庭淘汰和更换非节水型器具。

2. 评分标准

共 5 分。具体评分标准如下：

（1）考核年限内，地方节水部门联合市场监督管理等部门对生活用水器具市场进行抽检，生活用水器具市场抽检覆盖率达 80% 以上，得 1 分，每低 10% 扣 0.25 分。

（2）考核年限内，生活用水器具市场在售用水器具中节水型器具占比达 100%（按

抽检计）得 1 分；有销售淘汰用水器具和非节水型器具的，本项指标 5 分全部扣除；随机抽检 1 家建材商店，发现销售淘汰用水器具和非节水型器具的，本项指标 5 分全部扣除。

（3）考核年限内，对用水量排名前 10 的公共建筑用水单位进行抽检，得 1 分。

（4）考核年限内，用水量排名前 10 的公共建筑节水型器具普及率达 100%（按抽检计），得 1 分；有使用淘汰用水器具和非节水型器具的，本分项指标不得分。

（5）有鼓励居民家庭淘汰和更换非节水型器具的政策和措施，得 1 分。

3. 指标解释

节水型生活用水器具是指符合《节水型生活用水器具》（CJ/T 164）标准要求的，比同类常规产品能减少流量或用水量，提高用水效率、体现节水技术的器件、用具。

淘汰用水器具：根据《关于推广应用新型房屋卫生洁具和配件的规定》（计资源〔1991〕1243 号）、《关于在住宅建设中淘汰落后产品的通知》（建住房〔1999〕295 号）等文件要求，淘汰一次冲洗用水量 9L 以上的便器；自 2000 年 1 月 1 日起，在大中城市新建住宅中禁止使用螺旋升降式铸铁水嘴，已立项但尚未开工的住宅建设项目也应限制使用螺旋升降式铸铁水嘴；自 2000 年 12 月 1 日起，在大中城市新建住宅中，禁止使用一次冲洗水量在 9L 以上（不含 9L 冲洗水量）的便器。推广使用一次冲洗水量为 5L 的坐便器。积极开发生产新型节水便器，并完善相应的标准规范；淘汰卫生洁具的上导向直落式排水结构的高水箱配件、低水箱配件。

生活用水器具市场抽检覆盖率：抽检生活用水器具市场的个数占生活用水器具市场总数的比值。生活用水器具市场一般指家居或建材市场。

公共建筑节水型器具普及率：公共建筑等场所中节水型器具数量与在用用水器具总数的比值（按抽检计算）。

4. 完成指标的相关工作

（1）公共建筑换装节水型器具。城市建成区内公共建筑、公共区域（公园厕所等）、工业企业等非住宅建筑的用水器具，应当在全面调查摸底基础上，按实际情况组织换装节水型器具。用水量排名前 10 的公共建筑应进行定期抽检。

（2）新改扩建项目节水器具安装。新建建筑用水器具必须全部使用节水器具，严禁使用国家明令淘汰的用水器具。按照节水"三同时"管理的要求，在新改扩项目建设时，做到节水型器具与主体工程同时设计、同时施工、同时投入使用。

（3）对在市场销售的生活用水器具进行定期抽检，严禁销售淘汰用水器具和非节水型器具。

我国自 2018 年起推行水效标识管理，节水型器具水效标识如图 3-6 所示。

（4）制定政策鼓励居民家庭淘汰和更换非节水型器具，使用节水型器具。

（5）推广和实施节水产品认证管理制度。按照国家发展改革委、住房城乡建设部（原国家经贸委、建设部）《关于开展节水产品认证工作的通知》（节水器管字〔2002〕001 号）要求，依据《节水型生活用水器具》（CJ/T 164）标准，推广和实施节水产品认证管理制度。认证机构、认证培训机构、认证咨询机构应当经国务院认证认可监督管理部门批准，并依法取得法人资格。从事节水产品认证活动的认证机构，应当具备与从事节水产品认证活动相适应的检测、检查等技术能力，相关检查机构、实验室，

图 3-6 节水型器具水效标识

应当经依法认定。开展节水产品认证活动应当遵守以下基本程序：产品认证申请→样品检验→初始认证工厂现场检查→认证结果评定与批准→获证后的监督→认证变更→认证复评。各地应当积极培育节水产品认证机构，强化认证管理，采取经济激励等措施，鼓励水嘴、便器、便器冲洗阀、淋浴器、洗衣机、洗碗机等用水产品的生产企业依法取得节水产品认证。

5. 计算方法

$$生活用水器具市场抽检覆盖率=\frac{抽检生活用水器具市场的个数}{生活用水器具市场总数}\times100\%$$

$$生活用水器具市场节水型器具覆盖率=\frac{抽检在售节水型器具总数}{抽检在售用水器具总数}\times100\%$$

$$公共建筑节水型器具普及率=\frac{节水型器具总数}{在用用水器具总数}\times100\%$$

具体计算过程详见第 5 章。

6. 支撑材料及来源

（1）考核年限内的市场检查通知、检查结果、整改情况。

（2）考核年限内的市场在售器具抽检汇总、各次抽查现场材料、检查结果及整改情况。

（3）考核年限内的公共建筑用水量排名，在用器具抽检汇总、各次抽查现场材料、检查结果及整改情况。

（4）鼓励居民家庭淘汰和更换非节水型器具的政策、措施以及实施情况。

（5）资料来源：市场监管局、节水管理机构、用水单位等。

7. 参考案例

（1）节水型器具普及率计算表案例如表 3-27 所示。

表 3-27 节水型器具普及率计算表案例

编号	项目	计算单位	20××年	20××年	数据来源或计算公式
A	生活用水器具市场总数	个			××提供
B	抽检生活用水器具市场的个数	个			××提供
C	抽检在售用水器具总数	个			××提供
D	抽检在售节水型器具总数	个			××提供
E	抽检公共建筑在用水器具总数	个			××提供
F	抽检公共建筑节水型器具总数	个			××提供
G	生活用水器具市场抽检覆盖率	%			$G=B\div A\times100\%$
H	生活用水器具市场节水型器具覆盖率	%			$H=D\div C\times100\%$
I	公共建筑节水型器具普及率	%			$I=F\div E\times100\%$

（2）某市生活用水器具抽检情况案例如表 3-28 所示。

表 3-28 某市生活用水器具抽检情况一览表案例　　　　　　　　个

项目	生活用水器具市场数量	抽检数量
市内三区	12	12
××区	1	1
城×区	2	2
××新区	8	8
小计	23	23

（3）在售用水器具抽检情况案例如表 3-29 所示。

表 3-29 在售用水器具抽检情况一览表

项目	检查数量〔只（套）〕					其中节水型	淘汰及非节水型
	水嘴	小便器	坐便器	蹲便器	配件		
××市科园装饰城	179	3	75		72	329	0
百安居（××路店）	67		97		46	210	0
××建材市场	50		41		38	129	0
富尔玛家居（××店）	23		5		4	32	0
百安居（××路店）	26		53		4	83	0
××装饰城（××路店）	57	2	48			107	0
××富尔玛建材广场	25		42			67	0
××路河西建材市场	62	7	50	3	26	148	0
××祥贺建材批发市场	46		89		15	150	0
××家居（××路店）	17		52		6	75	0
居然之间（××店）	66		90		21	177	0

续表

项目	检查数量［只（套）］					其中节水型	淘汰及非节水型
	水嘴	小便器	坐便器	蹲便器	配件		
××利建材市场	23		39		21	83	0
××建材家居广场	21		43		16	80	0
××家居装饰城	12	3	15	1		31	0
××红星麦凯龙	11	3	15		29	0	
××国际家居建材博览中心	10	5	4	3		22	0
××装饰城	40		35		75	0	
××红星麦凯龙	357	22	206	17	185	787	0
××福瀛装饰城	103	4	87	1	27	222	0
××家居生活广场		25	52	39	17	133	0
居然之家			12			12	0
××家居	47	14	36	16	37	150	0
××装饰城	4	2	6	2		14	0
小计	1246	90	1192	82	535	3145	0

（4）某市用水量排名前 10 位公共建筑用水量的案例如表 3-30 所示。

表 3-30　某市用水量排名前 10 位公共建筑用水量一览表案例　　　（万 t）

序号	单位名称	2017 年用水量	2018 年用水量
1	××大学	233.3	251.6
2	××科技大学	176.1	204.1
3	××科技大学	167.8	195.2
4	中国××大学	108.6	129.4
5	××滨海学院	103.7	124.8
6	中国××大学	97.1	117.0
7	××国际机场集团有限公司	83.2	87.9
8	××理工大学	60.0	63.1
9	××大学附属医院	34.3	37.2
10	××酒店管理学院	32.6	34.3

（5）某市前 10 名公共建筑用水器具抽检情况的案例如表 3-31 所示。

表 3-31 某市前 10 名公共建筑用水器具抽检情况统计表案例

调查对象	2017 年 节水型器具（件）水嘴（含淋浴器）陶瓷片密封式	感应式	延时自闭式	其他	坐便器/小便器 6L以下水箱	感应式	手动式	非节水型器具（件）水嘴（含淋浴器）螺旋式	坐便器 9L级以上水箱	2018 年 节水型器具（件）水嘴（含淋浴器）陶瓷片密封式	感应式	延时自闭式	其他	坐便器/小便器 6L以下水箱	感应式	手动式	非节水型器具（件）水嘴（含淋浴器）螺旋式	坐便器 9L级以上水箱
××大学	5747					460	4138			7147					516	5371		
××科技大学	6172	100			901	624	1741			6172		100		901	624	4741		
××科技大学	8511	48	12			66	3858			8511	48	12			66	3858		
中国××大学	9801			3219	156	988	9254			9801			3219	156	988	9254		
××滨海大学	4660	393					4675			5300	393					4995		
中国××大学	5102	463			353		9063			6308	502			411		4413		
××国际机场集团有限公司		480	210			288	528			438	243				321	543		
××理工大学	1414	204			19	736	937			1414	204			10	796	877		
××大学附属医院	2300	260	50	360	380	350	1700			3150	340	70	410	610	420	1310		
××酒店管理学院	1947				841	76	368			2459				1333	93	525		
小计	45654	1848	372	3579	2641	3588	39262	0	0	50700	1730	182	3629	3421	3824	42517		

二十、特种行业用水计量收费率

1. 考核内容

特种行业用水计量收费率达到100%。

2. 评分标准

共2分。具体评分标准如下：

考核年限内，达到标准得2分，每低5%扣0.5分。

3. 指标解释

加强特种行业用水管理、严格计量收费是控制高耗水行业用水、实施用水分类管理的重要手段。

特种行业用水计量收费率是指洗浴、洗车、水上娱乐场、高尔夫球场、滑雪场等特种行业用水单位，用水设表计量并收费的单位数与特种行业单位总数的比值。

4. 完成指标的相关工作

（1）对于特种行业，应按要求进行登记；供水部门对其用水按计量分类收费。

（2）节水管理部门对其下达用水计划并考核管理。

（3）加强特种行业节水设施的安装及使用。

5. 计算方法

$$特种行业用水计量收费率=\frac{设表计量并收费的有关特种行业单位总数}{有关特种行业单位总数}\times100\%$$

具体计算过程详见第5章。

6. 支撑材料及来源

（1）各类特种行业单位名称及数量。

（2）特种行业单位装表计量情况。

（3）收费标准文件、收费明细表，收费票据等材料。

（4）资料来源：市场监管局、供水企业等。

7. 参考案例

（1）特种行业用水计量收费率案例如表3-32所示。

表3-32 特种行业用水计量收费率计算表案例

编号	项目	计算单位	20××年	20××年	数据来源或计算公式
A	有关特种行业单位总数	户			
B	设表计量并收费的有关特种行业单位总数	户			
C	特种行业用水计量收费率	%			C＝B÷A×100%

（2）某市2017—2018年特种行业用水收费情况汇总表案例如表3-33所示。

表3-33 某市2017—2018年特种行业用水收费情况汇总表案例

日期	洗浴（大众洗浴除外）	洗车用水	高尔夫球场	基他（自动售水机）	合计
2017年	61	109	2	154	326
2018年	63	110	2	163	338

（3）某市自来水集团 2017—2018 年特殊行业用水收费统计明细的案例，如表 3-34 所示。

表 3-34　某市自来水集团特殊行业用水收费统计明细表案例（2017—2018 年）

	用户名	地址	性质	用途	收费价格（元）	2017 年		2018 年	
						应收水量	实收水费	应收水量	实收水费
1	××兴	—	特种	洗车	17.4	944	16425.6	746	12980.4
2	××市××区溢香饭店	—	特种	洗车	17.4	305	5307	323	5620.2
3	××宝	—	特种	洗车	17.4	1018	17713.2	866	15068.4
4	××企业有限公司	—	特种	洗车	17.4	6973	121330.2	4411	76751.4
5	××区人民防空办公室	—	特种	洗车	17.4	3880	67512	158	20149.2
6	××嘉诚物业管理有限公司	—	特种	洗车	17.4	0	0	525	9135
7	××睿海物业管理有限公司	—	特种	洗车	17.4	3920	68208	3304	57489.6
8	××金梦置业有限公司	—	特种	洗车	17.4	0	0	10	174
9	××成	—	特种	洗车	17.4	727	12649.8	716	12458.4
10	××半导体零件厂	—	特种	洗车	17.4	146	2540.4	107	1861.8
11	××铁路劳动服务公司市南分公司	—	特种	洗车	17.4	333	5794.2	262	4558.8
12	××山泉娱乐有限公司	—	特种	洗车	17.4	11354	197559.6	11870	206538
13	××房地产开发公司	—	特种	洗车	17.4	8400	146160	6342	110350.8
14	××石棉制品总厂	—	特种	洗车	17.4	799	13902.6	790	13746
15	××物业有限责任公司	—	特种	洗车	17.4	666	11588.4	361	6281.4
16	××市太平洋房地产开发有限责任公司	—	特种	洗车	17.4	742	12910.8	1258	21889.2
17	××磊	—	特种	洗车	17.4	233	4054.2	0	0
18	××东辰实业有限公司宝兴达康乐城	—	特种	洗车	17.4	802	13954.8	686	11936.4
19	××嘉业房地产有限公司	—	特种	洗车	17.4	0	0	14	243.6
20	××嘉业房地产有限公司	—	特种	洗车	17.4	26	452.4	408	7099.2
21	××嘉业房地产有限公司	—	特种	洗车	17.4	0	0	300	5220
22	××嘉业房地产有限公司	—	特种	洗车	17.4	0	0	630	10962
23	××市综开物业有限责任公司	—	特种	洗车	17.4	106	1844.4	0	0
24	××市综开物业有限责任公司	—	特种	洗车	17.4	644	11205.6	140	2436
25	××世传投资有限公司	—	特种	洗车	17.4	200	3480	60	1044
26	××鑫陇洗染服务有限公司	—	特种	洗车	17.4	256	4454.4	894	15555.6
27	××伟	—	特种	洗车	17.4	638	11101.2	580	10092
28	××市××区振华农工商总公司	—	特种	洗车	17.4	445	7743	363	6316.2
29	××瑞丰物业管理有限责任公司	—	特种	洗车	17.4	474	8247.6	128	2227.2

二十一、万元工业增加值用水量

1. 考核内容

低于全国平均值的 50％或年降低率≥5％。

2. 评分标准

共 4 分。具体评分标准如下：

考核年限内，达到标准得 4 分，未达标准的不得分。

3. 指标解释

万元工业增加值用水量：在一定的计量时间（一般为 1 年）内，城市工业用水量与城市工业增加值的比值。统计口径为规模以上工业企业，按国家统计局相关规定执行。

工业用水量是指工矿企业在生产过程中用于制造、加工、冷却（包括火电直流冷却）、空调、净化、洗涤等方面的用水量，按新水量计，不包括企业内部的重复利用水量。

4. 完成指标的相关工作

（1）实施水效领跑者制度

综合考虑行业的取水量、节水潜力、技术发展趋势以及用水统计、计量、标准等情况，选择火力发电、钢铁、纺织染整、造纸、石油炼制、煤化工、化工、制革、制药、食品加工等重点用水行业实施水效领跑者制度。

（2）制定严格管理制度，并落实到位

① 企业有负责节水管理的部门和人员。

② 有节水的具体管理制度，计量统计制度健全。

③ 新、改、扩建项目时应做到节水"三同时"。

④ 依据节水主管部门下达的用水计划，按照企业内部生产情况，将定额指标分解到工艺环节/车间/班组。

⑤ 原始记录和统计台账完整，按照规范完成统计报表。

（3）制定设施设备管理制度，并落实到位

① 有近期完整的管网图和水平衡图，定期对用水管道、设备等进行检修。

② 计量设备配备符合《用水单位水计量器具配备和管理通则》（GB 24789）的要求。

③ 没有使用国家明令淘汰的用水设备和器具。

（4）开展水平衡测试

依据《企业水平衡测试通则》（GB/T 12452）定期开展水平衡测试。

（5）不断推动节水技术改造工程

加大以节水为重点的结构调整和技术改造力度，引导企业采用先进的节水工艺技术与设备，淘汰落后的技术与设备，大力推广工业节水新技术、新工艺和新设备；制定鼓励废水综合利用，实现废水资源化及综合利用海水、微咸水等非传统水资源的政策。组织重大节水技术示范工程，发布工业节水技术改造投资导向目录，推动企业进行节水技术改造。

5. 计算方法

$$万元工业增加值用水量 = \frac{年城市工业用水量（新水量）}{年城市工业增加值}$$

具体计算过程详见第 5 章。

6. 支撑材料及来源

（1）考核年限内的城市工业用水总量（新水量），资料来源：供水企业、水利（务）局、地方年鉴、统计局等。

（2）考核年限内的城市工业增加值，资料来源：地方年鉴、统计局、发改或工信部门等。

（3）考核年限内的万元工业增加值用水量全国平均值的计算方法示例如表 5-5 所示，数据来源：国家统计局网站、水利部《中国水资源公报》。

7. 参考案例

（1）万元工业增加值用水量计算表案例如表 3-35 所示。

表 3-35 万元工业增加值用水量计算表案例

编号	项目	计算单位	20××年	20××年	数据来源或计算公式
A	城市工业增加值	亿元			
B	城市工业用水量（新水量）	万 m³			$B = B_1 + B_2$
B_1	以城市公共供水为水源的工业用水量（新水量）	万 m³			
B_2	以自备水为水源的工业用水量（新水量）	万 m³			
C	万元工业增加值用水量	m³/万元			$C = B \div A$
D	全国平均值的 50%	m³/万元			

（2）某市 2017—2018 年万元工业增加值用水量的案例，如表 3-36 所示。

表 3-36 某市 2017—2018 年万元工业增加值用水量计算案例

年度	工业增加值（亿元）	工业取水量（万 m³）	万元工业增加值用水量（m³/万元）	全国平均值×50%（m³/万元）
2017	2291.09	14339.31	6.26	24.5（49×0.5）
2018	2418.77	14636.52	6.05	22.5（45×0.5）

二十二、工业用水重复利用率

1. 考核内容

工业用水重复利用率≥83%（不含电厂）。

2. 评分标准

共 4 分。具体评分标准如下：

考核年限内，达到标准得 4 分，每低 5% 扣 1 分。

3. 指标解释

工业用水重复利用率：在一定的计量时间（一般为 1 年）内，生产过程中使用的重复利用水量与用水总量的比值。

4. 完成指标的相关工作

通过规划设计完善给水及回用系统，提高重复利用率，降低单位产品水耗，提升工业用水效率。

推进工业循环与循序利用，开发和完善高浓缩倍数工况下的循环冷却水处理技术；推广直流水改循环水、空冷、污水回用、凝结水回用、海水和苦咸水及再生水的利用等技术；促进废水的循环利用和综合利用，实现废水资源化。

5. 计算方法

$$工业用水重复利用率 = \frac{年工业生产重复利用水量（不含电厂）}{\left[\begin{array}{c}年工业用水新水取水量（不含电厂）+ \\ 年工业生产重复利用水量（不含电厂）\end{array}\right]} \times 100\%$$

具体计算过程详见第 5 章。

6. 支撑材料及来源

（1）考核年限内，应有齐全的规模以上企业或全口径企业统计报表，含工业取水量、用水量、产品类型、产品数量、重复利用水量等。

（2）考核年限内，工业用水总量汇总计算表（不含电厂）、工业企业重复利用水量汇总计算表（不含电厂）。

（3）资料来源：公共供水企业、工业企业以及水利（务）局、发改或工信等部门。

7. 参考案例

（1）工业用水重复利用率计算表案例如表 3-37 所示。

表 3-37　工业用水重复利用率计算表案例

编号	项目	计算单位	20××年	20××年	数据来源或计算公式
A	工业生产重复利用水量	万 m³			
B	工业用水新水取水量（不含电厂）	万 m³			B＝B₁－B₂
B₁	工业用水新水取水量	万 m³			
B₂	其中：电厂用水	万 m³			
C	工业用水重复利用率	％			C＝A÷（A＋B）×100％

（2）某市 2017 年、2018 年工业用水重复利用率计算案例，如表 3-38～表 3-40 所示。

表 3-38　某市 2017 年、2018 年工业用水重复利用率计算表案例　　　　万 m³

指标 范围	2017 年			2018 年		
	工业新水量	重复利用量	重复利用率 （％）	工业新水量	重复利用量	重复利用率 （％）
××市区 （含电厂）	14339.31	117692.00	89～14	14636.52	136974.00	90.35
××市区 （不含电厂）	13529.11	100770.96	88.16	13731.78	118904.69	89.65
××电厂	682.98	11655.08	94.46	682.30	12241.37	94.72
××电厂	127.22	5265.96	97.64	222.44	5827.94	96.32

单位或主管部门名称：××市城市节约用水办公室　　用水性质：工业用水

表 3-39　某市 2018 年用水重复利用率支撑材料案例（一）

项目名称	用水量 1	取水量 自来水 2	井水 3	地表水 4	再生水 5	非常规水源 海淡水 6	雨水 7	其他 8	其他 9	合计 10	串联用水量 11	循环用水量 冷却水循环量 12	冷却水循环率% 13	工艺水回用量 14	工艺水回用率% 15	蒸汽冷凝水回用量 16	蒸汽冷凝水回用率% 17	重复利用水量 19	重复利用率% 20	海水直接利用量（万米³）21	锅炉产汽量（吨）22
间接冷却水	396611096	3455898	0	0	0	921559	0	0	0	4377457	4304183	387929456	97.81	—	—	—	—	392233639	—	57416	
直接冷却水	55842481.7	3038044.17	0	0	0	0	0	0	0	3038044.2	323687.5	—	—	52480750	—	—	—	52804437.5	—	0	
工艺用水　洗涤用水	6158394.33	2520292.5	0	0	0	0	0	0	0	2520292.5	240000.83	—	—	3398101	76.18	—	—	3638101.833	—	0	
工艺用水　产品用水	11852196.7	8714791.67	0	0	0	1434896	0	0	0	10149687.7	37497	—	—	1665012	—	—	—	1702509	—	—	
工艺用水　其他用水	2574232.5	1762767.5	0	0	0	58749	0	0	0	1821516.5	75578	—	—	676938	—	—	—	752716	—	—	
锅炉用水　锅炉给水	25895667.7	4222795	0	0	0	1804879.2	0	0	0	6027674.2	891937.5	—	—	—	—	18976056	86.08	19867993.5	—	0	2204005
锅炉用水　其他用水	995751	626773	0	0	0	368978	0	0	0	995751	0	—	—	—	—	—	—	—	—	0	
生活用水　办公	8042	8042	0	0	0	0	0	0	0	8042	0	—	—	—	—	—	—	—	—	0	
生活用水　浴室	418414	396825	15643	0	0	0	0	0	0	412468	5946	—	—	—	—	—	—	5946	—	0	
生活用水　食堂	190273	190273	0	0	0	0	0	0	0	190273	0	—	—	—	—	—	—	—	—	0	
生活用水　绿化	11140	0	0	0	0	0	0	0	0	11140	11140	—	—	—	—	—	—	11140	—	0	
生活用水　其他	1446924.5	910251	16107.5	0	0	0	0	0	0	926358.5	520566	—	—	—	—	—	—	520566	—	0	
其他用水	6422615.17	3929595	0	0	0	168714.17	0	0	0	4098409.2	2324206	—	—	—	—	—	—	2324206	—	0	
合计	508427228.3	329776447.8	31750.5	0	0	4757775.33	0	0	0	34565973.7	8739441.8	387929456	97.81	58220801	76.18	18976056	86.08	473861254.8	93.20	57416	

填表人：

单位负责人：

表 3-40 某市 2018 年工业用水重复利用率支撑材料案例(二)

单位或主管部门名称(盖章)

表　号:××节水年 1-1 表
制表机关:××市城市节约用水办公室
批准机关:××市统计局
批准文号:××复字[2018]3 号
有效期致:2021 年 12 月 31 日
单位:m³/年

2018 年

项目名称	用水量 1	自来水 2	井水 3	地表水 4	再生水 5	海淡水 6	雨水 7	其他 8	其他 9	合计 10	串联用水量 11	冷却水循环量 12	冷却水循环率% 13	工艺水回用量 14	工艺水回用率% 15	蒸汽冷凝水回用量 16	蒸汽冷凝水回用率% 17	污水处理回用量 18	重复利用水量 19	重复利用率% 20	海水直接利用量(万米³) 21	锅炉产汽量(吨) 22
间接冷却水	102696907	499324			244640	373154				1117118		101291924	98.63	—	—	—	—	287865	101579789	—	57415.6	
直接冷却水	1380770	1380770								1380770		—	—	—	—	—	—		—	—		
洗涤用水	0	0								0												
产品用水	2413507	978611				1434896				2413507		—	—	—	—	—	—		—	—		
其他用水	262054	149980				70499				220479		—	—	—	—	—	—	41575	41575	—		
锅炉给水	21848267	310881				765927				1076808		—	—	—	—	20771459	0.92086		2071459	—		
其他用水	364049	274191				89858				364049												
办公	14682	14682								14682												
浴室	83250	83250								83250												
食堂	18416	18416								18416												
绿化	514	514								514												
其他	23111	2187								2187								20924	20924	—		
其他用水	131194	131194								131194												
合计	129236721	3844000			244640	2734334				6822974	0							350364	122413747	0.9472		22556488

单位负责人:　　　　　填表人:　　　　　填表日期:

二十三、工业企业单位产品用水量

1. 考核内容

不大于国家发布的《取水定额》（GB/T 18916）系列标准或省级部门制定的地方定额。

2. 评分标准

共 3 分。具体评分标准如下：

考核年限内，达到标准得 3 分，每有一个行业取水指标超过定额扣 1 分。

3. 指标解释

工业企业单位产品用水量：某行业（企业）年生产用水总量与年产品产量的比值，其中用水总量按新水量计，产品产量按产品数量计。

单位产品取水量应符合《取水定额》（GB/T 18916）系列标准（火力发电、钢铁联合企业、石油炼制、纺织染整产品、造纸产品、啤酒制造、酒精制造、合成氨、味精制造、医药产品、选煤、氧化铝生产、乙烯生产、毛纺织产品、白酒制造、电解铝生产等）或省级定额的要求。

4. 计算方法

$$工业企业单位产品用水量 = \frac{某行业（企业）年生产用水总量新水量}{某行业（企业）年产品产量（产品数量）}$$

具体计算过程详见第 5 章。

5. 支撑材料及来源

（1）用水量排名前 10（县级市前 5）的工业行业名称、用水量，每个行业内所有工业企业的名称、用水量，每个行业内的所有工业企业均需计算。

（2）相关工业行业定额。

（3）考核年限内，应有齐全的规模以上企业或全口径企业统计报表，含工业取水量、用水量、产品类型、产品数量、重复利用水量等。

（4）资料来源：供水企业、工业企业以及水利（务）局、发改或工信等部门。

6. 参考案例

（1）工业企业单位产品用水量计算表案例如表 3-41 所示。

表 3-41　工业企业单位产品用水量计算表案例

1. 行业 1（×××标准）

产品名称	单位名称	年份	产量（m²）	取水量（m³）	国标/省标定额（m³/m²）	实际单位产品取水量（m³/m²）
×××	×××	20××年				
		20××年				

2. 行业 2（×××标准）

产品名称	单位名称	年份	产量（100m）	取水量（m³）	国标/省标定额（m³/100m）	实际单位产品取水量（m³/100m）
×××	×××	20××年				
		20××年				

（2）某市 2017 年、2018 年啤酒行业单位产品用水量计算表案例如表 3-42 所示。

表 3-42 某市 2017 年、2018 年啤酒行业单位产品用水量计算表案例

某啤酒股份有限公司				
年度	啤酒制造生产成品总量（kL）	取水量（m³）	单耗（m³/kL）	国标（m³/kL）
2017	310100	1120397	3.61	6.0
2018	286215	1103236	3.85	

某啤酒股份有限公司某啤酒二厂				
年度	啤酒制造生产成品总量（kL）	取水量（m³）	单耗（m³/kL）	国标（m³/kL）
2017	585388	2031286	3.79	6.0
2018	553756	2064081	3.73	

二十四、节水型企业覆盖率

1. 考核内容

节水型企业覆盖率≥15%。

2. 评分标准

共 2 分。具体评分标准如下：

考核年限内，达到标准得 2 分，每低 2% 扣 0.5 分。

3. 指标解释

节水型企业覆盖率：省级节水型企业年用水量之和与年城市工业用水总量的比值按新水量计。省级节水型企业是指达到省级节水型企业评价办法或标准要求，由省级主管部门会同有关部门批准公布的用水企业。

4. 完成指标的相关工作

（1）开展节水型企业创建工作。企业主管领导负责节水工作且建立会议制度，设立节水主管部门和专（兼）职节水管理人员，建立计划用水和节约用水的具体管理制度及计量管理制度；实行指标分解或定额管理；完成节水指标和年度节水计划；单位产品取水量、单位产品用水量、工业用水重复利用率应符合有关标准要求。定期开展水平衡测试，有水平衡测试报告；再生水、雨水利用情况符合当地有关标准的要求，绿化实施节水喷灌，具备健全的节水管理网络和明确的岗位责任制；开展经常性节水宣传教育。

（2）节水型单位应达到省级标准要求，并通过验收。

5. 计算方法

$$节水型企业覆盖率=\frac{省级节水型企业年用水总量（新水量）}{年城市工业用水总量（新水量）}\times100\%$$

具体计算过程详见第 5 章。

6. 支撑材料及来源

（1）省级节水型企业命名文件。

（2）考核年限内的城市工业用水总量（新水量）。

（3）考核年限内的省级节水型企业用水总量（新水量）。

（4）资料来源：供水企业、水利（务）局、发改或工信部门、节水型工业企业等。

7. 参考案例

（1）节水型企业覆盖率计算表案例如表 3-43 所示。

表 3-43　节水型企业覆盖率计算表案例

编号	项目	计算单位	20××年	20××年	数据来源或计算公式
A	省级节水型企业年用水总量（新水量）	万 m³			
B	年城市工业用水总量（新水量）	万 m³			
C	节水型企业覆盖率	%			C＝A÷B×100%

（2）某市 2017 年、2018 年省级节水型企业取水量汇总表案例如表 3-44 所示。

表 3-44　某市 2017 年、2018 年省级节水型企业取水量汇总表案例　　　　　m³

序号	单位名称	创建时间	2017年取水量	2018年取水量	备注
1	××碱业股份有限公司	1998			已搬迁
2	××啤酒股份有限公司××啤酒一厂	1998	1116660	1349050	
3	××啤酒股份有限公司××啤酒二厂	1998	2326827	2352200	
4	××烟草（集团）有限公司××卷烟厂	1998	201009	189834	
5	××电冰箱股份有限公司	1999			已搬迁
6	××石油化工厂	1999	2773646	2863024	
7	××红星化工厂	1999			已搬迁
8	××发电厂	1999	6829799	6822974	
9	××北海船厂	1999	1067368	1229583	
10	××海晶化工集团有限公司	1999	4522261	6491967	
11	××饮料有限公司	2001	577691	586950	
12	××开源集团有限公司	2001	99987	100325	
13	××泡花碱有限公司	2001			
14	××化工有限公司	2001			
15	××啤酒股份有限公司××啤酒四厂	2001	459860	497800	
16	××啤酒第五有限公司	2002	283040	172120	
17	中国一汽集团××解施汽车厂	2002	125091	116033	
18	××橡胶集团有限责任公司	2002	464050	44846	
19	××热电股份有限公司	2002	1202831	1220096	
20	国营××纺织机械厂	2002	16680	16003	
21	××啤酒麦芽厂	2002			
22	国营××造纸厂	2002			
23	××原环境设备有限公司	2002	86000	876000	
24	××空调器公司	2002			
25	××正进集团有限公司	2002			

续表

序号	单位名称	创建时间	2017 年取水量	2018 年取水量	备注
26	××工艺品进出口集团发制品厂	2002	32030	25060	
27	××双桃精细化工（集团）有限公司	2005			
28	××焦化制气有限责任公司热电公司	2005			
29	××焦化制气有限责任公司	2005			
30	××钢铁控股集团有限责任公司	2005	6520000	6706000	
31	××藤华纺织有限公司	2005	177029	141730	
32	××恒源化工有限公司	2005			
33	××王纸业股份有限公司	2005	1500866	1278288	
34	××凰印染有限公司	2007			
35	××蝶集团股份有限公司	2007	131163	127754	
36	××中齐耐火材料集团有限公司	2007			
37	××市灯塔酿造有限公司	2007			
38	××人民印刷有限公司	2007			
39	××中集冷藏箱制造有限公司	2007			
40	颐中××化学建材有限公司	2007			
41	××安邦炼化有限公司	2007	314300	483536	
42	××后海热电有限公司	2007	1664000	1341000	
43	××丽东化工有限公司	2008	954100	873200	
44	××华金苑针织股份有限公司	2008	48680	39392	
45	××顶津食品有限公司	2013	629800	631800	
46	××电冰箱（国际）有限公司	2013			
47	××琊台集团股份有限公司	2013	309456	279020	
48	××月海藻集团有限公司	2013	2830000	2914978	
49	××市高科热力	2015	428961	216581	
50	××青生物科技股份有限公司	2017	135647	139132	
51	中国石××炼油化工有限责任公司	2017	5550260	4857315	
52	××赛轮金宇集团股份有限公司	2018		1050961	
53	上汽通××菱汽车股份有限公司××分公司	2018		1064706	
合计			43379092	46310858	

二十五、城市水环境质量

1. 考核内容

城市水环境质量达标率为 100%，建成区范围内无黑臭水体，城市集中式饮用水水源水质达标。

2. 评分标准

共 6 分。具体评分标准如下：

（1）考核年限内，城市水环境质量达标率为 100% 得 2 分，每低 5% 扣 0.5 分。

（2）建成区范围内无黑臭水体得 2 分，有黑臭水体的分项指标不得分。

（3）城市集中式饮用水水源水质达标得 2 分，未达标准不得分。

3. 指标和名词解释

城市水环境质量达标率是指城市辖区地表水环境质量达到相应功能水体要求、市域跨界（市界、省界）断面出境水质达到国家或省考核目标的比例。数据由城市环境监测部门提供。

城市黑臭水体是指城市建设区内，呈现令人不悦的颜色和（或）散发令人不适气味的水体的统称。

饮用水水源地是指提供居民生活及公共服务用水的取水水域和密切相关的陆域。

城市集中式饮用水水源地是指进入输水管网送到用户和具有一定取水规模（供水人口一般大于 1000 人）的在用、备用和规划水源地。依据取水区域不同，集中式饮用水水源地可分为地表水饮用水水源地和地下水饮用水水源地；依据取水口所在水体类型的不同，地表水饮用水水源可分为河流型饮用水水源地和湖泊、水库型饮用水水源地。

城市集中式饮用水水源水质达标是指当城市集中式饮用水水源为地表水时，水质应达到或优于《地表水环境质量标准》（GB 3838）中基本项目 II 类水质标准（表 3-45）及补充项目（表 3-46）、特定项目要求（表 3-47）；城市集中式饮用水水源为地下水时，水质应达到或优于《地下水质量标准》（GB/T 14848）III 类地下水质量常规（表 3-48）及非常规指标及限值（表 3-49）。

表 3-45　《地表水环境质量标准》基本项目 II 类水质标准限值　　　　mg/L

序号	指标	II 类	序号	指标	II 类
1	水温（℃）	人为造成的环境水温变化应限制在：周平均最大升温≤1 周平均最大降温≤2	8	总磷（以 P 计）	≤0.1（湖、库 0.025）
2	pH（无量纲）	6~9	9	总氮（湖、库，以 N 计）	≤0.5
3	溶解氧	≥6	10	铜	≤1.0
4	高锰酸钾指数	≤4	11	锌	≤1.0
5	化学需氧量（COD）	≤15	12	氟化物（以 F⁻ 计）	≤1.0
6	五日生化需氧量（BOD₅）	≤3	13	硒	≤0.01
7	氨氮（NH₃-N）	≤0.5	14	砷	≤0.05

续表

序号	指标	Ⅱ类	序号	指标	Ⅱ类
15	汞	≤0.00005	20	挥发酚	≤0.002
16	镉	≤0.005	21	石油类	≤0.05
17	铬（六价）	≤0.05	22	阴离子表面活性剂	≤0.2
18	铅	≤0.01	23	硫化物	≤0.1
19	氰化物	≤0.05	24	粪大肠菌群（个/L）	≤2000

表3-46 集中式生活饮用水地表水源地补充项目标准限值　　　　mg/L

序号	指标	标准值	序号	指标	标准值
1	硫酸盐（以 SO_4^{2-} 计）	250	4	铁	0.3
2	氯化物（以 Cl^- 计）	250	5	锰	0.1
3	硝酸盐（以 N 计）	10			

表3-47 集中式生活饮用水地表水源地特定项目标准限值　　　　mg/L

序号	指标	标准值	序号	指标	标准值
1	三氯甲烷	0.06	21	乙苯	0.3
2	四氯化碳	0.002	22	二甲苯①	0.5
3	三溴甲烷	0.1	23	异丙苯	0.25
4	二氯甲烷	0.02	24	氯苯	0.3
5	1,2-二氯乙烷	0.03	25	1,2-二氯苯	1.0
6	环氧氯丙烷	0.02	26	1,4-二氯苯	0.3
7	氯乙烯	0.005	27	三氯苯②	0.02
8	1,1-二氯乙烯	0.03	28	四氯苯③	0.02
9	1,2-二氯乙烯	0.05	29	六氯苯	0.05
10	三氯乙烯	0.07	30	硝基苯	0.017
11	四氯乙烯	0.04	31	二硝基苯④	0.5
12	氯丁二烯	0.002	32	2,4-二硝基甲苯	0.0003
13	六氯丁二烯	0.0006	33	2,4,6-三硝基甲苯	0.5
14	苯乙烯	0.02	34	硝基氯苯⑤	0.05
15	甲醛	0.9	35	2,4-二硝基氯苯	0.5
16	乙醛	0.05	36	2,4-二氯苯酚	0.093
17	丙烯醛	0.1	37	2,4,6-三氯苯酚	0.2
18	三氯乙醛	0.01	38	五氯酚	0.009
19	苯	0.01	39	苯胺	0.1
20	甲苯	0.7	40	联苯胺	0.0002

序号	指标	标准值	序号	指标	标准值
41	丙烯酰胺	0.0005	61	内吸磷	0.03
42	丙烯腈	0.1	62	百菌清	0.01
43	邻苯二甲酸二丁酯	0.003	63	甲萘威	0.05
44	邻苯二甲酸二(2-乙基己基)酯	0.008	64	溴氰菊酯	0.02
45	水合肼	0.01	65	阿特拉津	0.003
46	四乙基铅	0.0001	66	苯并(a)芘	2.8×10^{-6}
47	吡啶	0.2	67	甲基汞	1.0×10^{-6}
48	松节油	0.2	68	多氯联苯⑥	2.0×10^{-6}
49	苦味酸	0.5	69	微囊藻毒素-LR	0.001
50	丁基黄原酸	0.005	70	黄磷	0.003
51	活性氯	0.01	71	钼	0.07
52	滴滴涕	0.001	72	钴	1.0
53	林丹	0.002	73	铍	0.002
54	环氧七氯	0.0002	74	硼	0.5
55	对硫磷	0.003	75	锑	0.005
56	甲基对硫酸	0.002	76	镍	0.02
57	马拉硫磷	0.05	77	钡	0.7
58	乐果	0.08	78	钒	0.05
59	敌敌畏	0.05	79	钛	0.1
60	敌百虫	0.05	80	铊	0.0001

① 二甲苯:指对-二甲苯、间-二甲苯、邻-二甲苯。
② 三氯苯:指 1,2,3-三氯苯、1,2,4-三氯苯、1,3,5-三氯苯。
③ 四氯苯:指 1,2,3,4-四氯苯、1,2,3,5-四氯苯、1,2,4,5-四氯苯。
④ 二硝基苯:指对-二硝基苯、间-二硝基苯、邻-二硝基苯。
⑤ 硝基氯苯:指对-硝基氯苯、间-硝基氯苯、邻-硝基氯苯。
⑥ 多氯联苯:指 PCB-1016、PCB-1221、PCB-1232、PCB-1242、PCB-1248、PCB-1254、PCB-1260。

表 3-48　地下水Ⅲ类水质常规指标及限值

序号	指标	Ⅲ类	序号	指标	Ⅲ类
感官性状及一般化学指标					
1	色(铂钴色度单位)	≤15	7	溶解性总固体(mg/L)	≤1000
2	嗅和味	无	8	硫酸盐(mg/L)	≤250
3	浑浊度/NTU[a]	≤3	9	氯化物(mg/L)	≤250
4	肉眼可见物	无	10	铁(mg/L)	≤0.3
5	pH	6.5≤pH ≤8.5	11	锰(mg/L)	≤0.10
6	总硬度(以 CaCO₃ 计) (mg/L)	≤450	12	铜(mg/L)	≤1.00

续表

序号	指标	Ⅲ类	序号	指标	Ⅲ类
13	锌(mg/L)	≤1.00	17	耗氧量(COD$_{Mn}$法，以 O$_2$ 计)(mg/L)	≤3.0
14	铝(mg/L)	≤0.20	18	氨氮(以 N 计)(mg/L)	≤0.50
15	挥发性酚类(以苯酚计)(mg/L)	≤0.002	19	硫化物(mg/L)	≤0.02
16	阴离子表面活性剂(mg/L)	≤0.3	20	钠(mg/L)	≤200
微生物指标					
21	总大肠菌群(MPN[b] 100mL 或 CFU[c]/100mL)	≤3.0	22	菌落总数(CFU/mL)	≤100
毒理学指标					
23	亚硝酸盐(以 N 计)(mg/L)	≤1.00	31	镉(mg/L)	≤0.005
24	硝酸盐(以 N 计)(mg/L)	≤20.0	32	铬(六价)(mg/L)	≤0.05
25	氰化物(mg/L)	≤0.05	33	铅(mg/L)	≤0.01
26	氟化物(mg/L)	≤1.0	34	三氯甲烷(μg/L)	≤60
27	碘化物(mg/L)	≤0.08	35	四氯化碳(μg/L)	≤2.0
28	汞(mg/L)	≤0.001	36	苯(μg/L)	≤10.0
29	砷(mg/L)	≤0.01	37	甲苯(μg/L)	≤700
30	硒(mg/L)	≤0.01			
放射性指标[d]					
38	总 α 放射性(Bq/L)	≤0.5	39	总 β 放射性(Bq/L)	≤1.0

a NTU 为散射浊度单位。
b MPN 表示最可能数。
c CFU 表示菌落形成单位。
d 放射性指标超过指导值，应进行核素分析和评价。

表 3-49 地下水Ⅲ类水质非常规指标及限值

序号	指标	Ⅲ类	序号	指标	Ⅲ类
毒理学指标					
1	铍(mg/L)	≤0.002	12	1,1,1-三氯乙烷(μg/L)	≤2000
2	硼(μg/L)	≤0.50	13	1,1,2-三氯乙烷(μg/L)	≤5.0
3	锑(μg/L)	≤0.005	14	1,2-二氯丙烷(μg/L)	≤5.0
4	钡(μg/L)	≤0.70	15	三氯甲烷(μg/L)	≤100
5	镍(μg/L)	≤0.02	16	氯乙烯(μg/L)	≤5.0
6	钴(μg/L)	≤0.05	17	1,1-二氯乙烯(μg/L)	≤30.0
7	钼(μg/L)	≤0.07	18	1,2-二氯乙烯(μg/L)	≤50.0
8	银(μg/L)	≤0.05	19	三氯乙烯(μg/L)	≤70.0
9	铊(μg/L)	≤0.0001	20	四氯乙烯(μg/L)	≤40.0
10	二氯甲烷(μg/L)	≤20	21	氯苯(μg/L)	≤300
11	1,2-二氯乙烷(μg/L)	≤30.0	22	邻二氯苯(μg/L)	≤1000

序号	指标	Ⅱ类	序号	指标	Ⅱ类
23	对二氯苯(μg/L)	≤300	39	六六六(总量)(μg/L)d	≤5.00
24	三氯苯(总量)(μg/L)a	≤20.0	40	γ-六六六(林丹)(μg/L)	≤2.00
25	乙苯(μg/L)	≤300	41	滴滴涕(总量)(μg/L)e	≤1.00
26	二甲苯(总量)(μg/L)b	≤500	42	六氯苯(μg/L)	≤1.00
27	苯乙烯(μg/L)	≤20.0	43	七氯(μg/L)	≤0.40
28	2,4-二硝基甲苯(μg/L)	≤5.0	44	2,4-滴(μg/L)	≤30.0
29	2,6-二硝基甲苯(μg/L)	≤5.0	45	克百威(μg/L)	≤7.00
30	萘(μg/L)	≤100	46	涕灭威(μg/L)	≤3.00
31	蒽(μg/L)	≤1800	47	敌敌畏(μg/L)	≤1.00
32	荧蒽(μg/L)	≤240	48	甲基对硫磷(μg/L)	≤20.0
33	苯并(b)荧蒽(μg/L)	≤4.0	49	马拉硫磷(μg/L)	≤250
34	苯并(a)芘(μg/L)	≤0.01	50	乐果(μg/L)	≤80.0
35	多氯联苯(总量)(μg/L)c	≤0.50	51	毒死蜱(μg/L)	≤30.0
36	邻苯二甲酸二(2-乙基己基)酯(μg/L)	≤8.0	52	百菌清(μg/L)	≤10.0
37	2,4,6-三氯酚(μg/L)	≤200	53	莠去津(μg/L)	≤2.00
38	五氯酚(μg/L)	≤9.0	54	草甘膦(μg/L)	≤700

a 三氯苯(总量)为1,2,3-三氯苯、1,2,4-三氯苯、1,3,5-三氯苯3种异构体加和。
b 二甲苯(总量)为邻二甲苯、间二甲苯、对二甲苯3种异构体加和。
c 为PCB28、PCB528、PCB101、PCB118、PCB138、PCB153、PCB180、PCB194、PCB206,9种多氯联苯单体加和。
d 六六六(总量)为α-六六六、β-六六六、γ-六六六、δ-六六六4种构体加和。
e 滴滴涕(总量)为o,p′-滴滴涕、p,p′-滴滴伊、p,p′-滴滴滴、p,p′-滴滴涕4种构体加和。

4. 完成指标的相关工作

城市黑臭水体整治应根据水体黑臭程度、污染原因和整治阶段目标的不同,有针对性地选择适用的技术方法及组合;对选择的整治方案进行技术经济比选,确保技术的可行性和合理性;强化技术安全性评估,避免对水环境和水生态造成不利影响和二次污染。同时考虑不同技术措施的组合,多措并举、多管齐下,实现黑臭水体的整治并兼顾远期水质进一步改善和水质稳定达标。

根据《地表水环境质量标准》(GB 3838—2002),依据水域环境功能和保护目标,地表水水域按功能高低依次划分为五类,如表3-50所示。

表3-50 地表水环境功能分类

功能分类	主要适用水域
Ⅰ类	源头水、国家自然保护区
Ⅱ类	集中式生活饮用水地表水源地一级保护区、珍稀水生生物栖息地、鱼虾类产卵场、仔稚幼鱼的索饵场等
Ⅲ类	集中式生活饮用水地表水源地二级保护区、鱼虾类越冬场、洄游通道、水产养殖区等渔业水域及游泳区
Ⅳ类	一般工业用水区及人体非直接接触的娱乐用水区
Ⅴ类	农业用水区及一般景观要求水域

对应地表水上述五类水域功能，将地表水环境质量标准基本项目标准值分为五类，不同功能类别分别执行相应类别的标准值，其中 II 类指标如表 3-45 所示。水域功能类别高的标准值严于水域功能类别低的标准值。同一水域兼有多类使用功能的，执行最高功能类别对应的标准值。

根据《地下水质量标准》（GB/T 14848—2017），依据我国地下水质量状况和人体健康风险，参照生活饮用水、工业、农业等用水质量要求，依据各组分含量高低（pH 值除外），地下水质量分为五类，如表 3-51 所示。其中 III 类水质常规与非常规指标如表 3-48 和表 3-49 所示。

表 3-51　地表水质量分类

功能分类	特征与用途
I 类	地下水化学组分含量低，适用于各种用途
II 类	地下水化学组分含量较低，适用于各种用途
III 类	地下水化学组分含量中等，以 GB 5749—2006 为依据，主要适用于集中式生活饮用水水源及工农业用水
IV 类	地下水化学组分含量较高，以 GB 5749—2006 为依据，主要适用于集中式生活饮用水水源及工农业用水
V 类	地下水化学组分含量高，不宜作为生活饮用水水源，其他用水可根据使用目的选用

5. 计算方法

$$城市水环境质量达标率 = \frac{达标断面数量}{水质监测断面数量} \times 100\%$$

具体计算过程详见第 5 章。

6. 支撑材料及来源

（1）地表水环境质量要求及达标情况。

（2）市界、省界断面水质达标情况。

（3）黑臭水体名称及其治理情况。

（4）集中式饮用水水源水质监测报告及达标情况。

（5）资料来源部门：生态环境、住房城乡建设等。

7. 参考案例

（1）城市水环境质量计算表案例见表 3-52。

表 3-52　城市水环境质量计算表案例

编号	项目	计算单位	20××年	20××年	数据来源或计算公式
A	水质监测断面数量	个			
B	达标断面数量	个			
C	城市水环境质量达标率	％			C＝B÷A×100％

（2）某市 2018 年国控地表水监测结果统计的案例，如表 3-53 所示。

（3）某市 2017 年、2018 年城市集中式饮用水水源地年均值监测结果统计的案例，如表 3-54 所示。

表3-53 某市2018年国控地表水监测结果统计案例

监测点位	断面名称	监测年份	水温	pH	溶解氧	高锰酸盐指数	化学需氧量	五日生化需氧量	氨氮	挥发酚	氰化物	砷	汞	六价铬	铅	镉	铜	锌	石油类	硒(四价)	总氮	总磷	氟化物	硫化物	阴离子表面活性剂	水质类别	水质目标	是否达标
××河	斜拉桥	2017年	19.3	7.99	8.0	3.9	18	3.0	0.355	0.0002	0.002	0.0002	0.00002	0.002	0.005	0.0005	0.0005	0.02	0.005	0.0002	2.77	0.08	0.98	0.002	0.05	Ⅲ	Ⅳ	是
××莱河	××大闸	2017年	—	—	—	—	—	—	—	—	—	—	—	—	—	—	—	—	—	—	—	—	—	—	—	断流	Ⅴ	断流
××沙河	××桥	2017年	14.8	8.21	10.1	4.2	20	4.1	0.337	0.0003	0.002	0.0003	0.00002	0.002	0.004	0.0004	0.001	0.015	0.005	0.0002	2.17	0.09	0.61	0.002	0.04	Ⅳ	Ⅳ	是
风河	入海口	2017年	15.1	7.45	6.6	7.7	32	5.9	0.524	0.0004	0.002	0.0002	0.00002	0.002	0.005	0.0003	0.002	0.02	0.005	0.0002	1.80	0.18	0.37	0.002	0.02	Ⅴ	Ⅴ	是
××河水库	出口	2017年	14.2	7.43	8.8	4.6	18	3.3	0.310	0.0002	0.002	0.0002	0.00002	0.002	0.002	0.0003	0.001	0.02	0.01	0.0002	1.09	0.06	0.65	0.002	0.02	Ⅲ	Ⅲ	是
××水库	中心	2017年	14.4	7.49	7.7	3.3	11	1.8	0.117	0.0002	0.002	0.0002	0.00002	0.002	0.005	0.0005	0.001	0.02	0.005	0.0002	2.59	0.03	0.73	0.002	0.02	Ⅲ	Ⅳ	是
××河	斜拉桥	2018年	4.1	8.47	12.7	6.7	25	4.1	0.200	0.0022	0.002	0.0006	0.00002	0.002	0.00005	0.0003	0.002	0.004	0.01	0.0002	1.33	0.04	1.41	0.004	0.02	Ⅳ	Ⅳ	是
××莱河	××大闸	2018年	17.2	8.34	10.5	11.4	37	3.6	0.390	0.0014	0.002	0.004	0.00002	0.002	0.002	0.0002	0.005	0.1	0.05	0.001	3.10	0.17	1.34	0.003	0.02	Ⅴ	Ⅴ	是
××沙河	××桥	2018年	15.9	7.95	11.8	5.5	21	3.6	0.220	0.002	0.002	0.0008	0.00003	0.002	0.0004	0.0002	0.0005	0.005	0.04	0.0007	2.12	0.07	0.40	0.002	0.05	Ⅳ	Ⅳ	是
风河	入海口	2018年	16.7	8.10	11.4	6.2	23	2.8	0.200	0.002	0.005	0.0005	0.00003	0.002	0.0005	0.0003	0.005	0.005	0.02	0.0002	4.70	0.06	0.61	0.003	0.02	Ⅳ	Ⅴ	是
××河水库	出口	2018年	16.4	7.95	9.9	4.4	17	2.3	0.097	0.0014	0.002	0.001	0.00003	0.002	0.00005	0.0001	0.003	0.002	0.01	0.0002	1.50	0.05	0.40	0.002	0.02	Ⅲ	Ⅲ	是
××水库	中心	2018年	16.9	8.04	10.0	3.8	14	2.4	0.180	0.0008	0.002	0.001	0.00002	0.002	0.00004	0.0002	0.0005	0.005	0.02	0.0007	2.11	0.03	0.37	0.002	0.02	Ⅱ	Ⅲ	是

备注:水温单位为℃,pH值为无量纲,其余指标监测单位为mg/L。

表3-54　某市2017年、2018年城市集中式饮用水水源地年均值监测结果统计案例

监测点位	监测年度	水温	pH值	溶解氧	高锰酸盐指数	化学需氧量	五日生化需氧量	氨氮	挥发酚	氰化物	砷	汞	六价铬	铅	镉	铜	锌	石油类	硒(四价)	总磷	氟化物	硫化物	粪大肠菌群	阴离子表面活性剂	水质类别
××水源地	2017年	22.1	7.55	7.7	3.3	13	2.0	0.422	0.0002	0.002	0.0002	0.00002	0.002	0.005	0.0005	0.0005	0.02	0.005	0.0002	0.05	0.62	0.002	624	0.02	II
××水库	2017年	15.5	7.24	9.1	4.8	20	3.5	0.353	0.0007	0.002	0.0009	0.00002	0.002	0.005	0.0002	0.0005	0.02	0.005	0.0002	0.05	0.61	0.002	29	0.02	III
××滩水库	2017年	17.2	8.35	9.8	4.1	5	1.6	0.156	0.0002	0.002	0.003	0.00002	0.002	0.00004	0.0002	0.0013	0.003	0.005	0.0002	0.03	0.84	0.002	23	0.02	III
××水库	2017年	14.2	7.33	7.1	3.1	11	1.8	0.112	0.0002	0.002	0.0002	0.00002	0.002	0.005	0.0005	0.0010	0.02	0.005	0.0002	0.03	0.75	0.002	40	0.02	III
××水库	2017年	14.0	7.30	7.0	2.8	5	1.3	0.042	0.0002	0.002	0.0002	0.00002	0.002	0.005	0.0005	0.0010	0.02	0.005	0.0002	0.02	0.63	0.002	24	0.02	II
××水库	2017年	17.6	6.86	9.5	4.4	16	3.1	0.244	0.0006	0.002	0.0004	0.00002	0.002	0.005	0.0005	0.0005	0.02	0.005	0.0002	0.04	0.55	0.002	10	0.02	III
××山水库	2017年	12.7	7.84	6.7	3.3	13	3.1	0.122	0.0002	0.002	0.0005	0.00002	0.002	0.001	0.0005	0.0190	0.02	0.005	0.0002	0.03	0.55	0.002	431	0.02	III
××水库	2017年	15.0	7.19	8.8	4.6	18	3.3	0.311	0.0002	0.002	0.0002	0.00002	0.002	0.005	0.0005	0.002	0.02	0.02	0.0002	0.06	0.654	0.002	30	0.02	III
××水库	2018年	18.0	8.01	8.0	3.4	12	2.0	0.210	0.0002	0.002	0.0008	0.00002	0.002	0.005	0.0005	0.001	0.02	0.005	0.0002	0.02	0.74	0.002	547	0.02	II
××子水库	2018年	17.1	7.02	6.9	4.7	14	3.3	0.164	0.0002	0.002	0.0015	0.00002	0.002	0.0001	0.0002	0.001	0.006	0.01	0.0002	0.03	0.66	0.002	34	0.02	III
××滩水库	2018年	19.3	8.39	9.1	3.9	13	1.2	0.138	0.0002	0.002	0.0002	0.00002	0.002	0.005	0.0005	0.001	0.02	0.005	0.0002	0.03	0.85	0.002	10	0.02	III
××水库	2018年	18.8	7.75	7.4	3.6	11	2.2	0.100	0.0002	0.002	0.0002	0.00002	0.002	0.005	0.0005	0.002	0.02	0.005	0.0002	0.02	0.37	0.002	31	0.02	II
××水库	2018年	18.7	7.70	7.4	2.8	7	1.5	0.049	0.0002	0.002	0.0005	0.00002	0.002	0.005	0.0005	0.002	0.02	0.005	0.0002	0.02	0.26	0.002	10	0.02	II
××水库	2018年	16.6	6.94	6.9	3.7	14	3.1	0.159	0.0003	0.002	0.0002	0.00002	0.002	0.0012	0.0005	0.017	0.031	0.02	0.0002	0.03	0.63	0.002	27	0.02	III
××山水库	2018年	14.0	7.35	7.0	3.4	12	3.4	0.172	0.0003	0.002	0.0007	0.00002	0.002	0.005	0.0005	0.0005	0.02	0.02	0.0002	0.02	0.49	0.002	170	0.02	III
××河水库	2018年	16.9	7.14	6.7	3.5	13	2.9	0.214	0.0003	0.002	0.0006	0.00002	0.002	0.005	0.0005	0.0005	0.02	0.01	0.0002	0.04	0.606	0.002	39	0.02	III

备注:水温单位为℃;pH值单位为无量纲;粪大肠菌群单位为个/L,其余监测指标单位为 mg/L。

第四章　现场考核准备工作与注意事项

对通过预审的城市，住房城乡建设部、国家发展改革委将组织现场考核组进行现场考核。

一、媒体公示

被考核城市至少应在考核组抵达前两天，在当地不少于两个主要媒体上向社会公布考核组工作时间、联系电话等相关信息，便于考核组听取各方面的意见和建议。

考核前公告模板如图 4-1 所示。

公　告

20　年　月　日—　月　日，住房城乡建设部、国家发展改革委将对我市创建"国家节水型城市"进行现场考核验收，现公布考核组联络员及监督电话如下：

考核组联络员：

联系电话：

××市人民政府（国家节水型城市创建领导小组办公室）

20　年　月　日

图 4-1　考核前公告模板

二、备查材料整理

被考核城市应根据考核专家人数准备申报材料 1—2 套，城市统计年鉴、城市建设统计年鉴、地方年鉴、省级定额、节水"三同时"管理材料、节水规划文本、节水统计报表、计划用水与定额管理材料、节水奖惩、节水创建、节水宣传等原始材料。上述材料均应真实、完整、清晰。

为便于查看，建议按类别不同，将原始材料放入档案盒中，并按照基本条件、基础管理指标、技术考核指标归类，整齐有序摆放核查现场；同时，为便于快速查找，建议编制原始资料总目录，如表 4-1 所示。

表 4-1　某市创建国家节水型城市原始资料总目录

序号	指标名称	指标分类	具体名称
1	法规制度健全	1-1	本级人大或政府层面文件
		1-2	城市节水主管部门层面文件
		1-3	节水机构制定具体节水文件
		1-4	节水奖惩台账和通告
2	…	…	…
3	…	…	…
…	…	…	…

根据表 4-1，"法规制度建设"指标的目录可以分为 4 类，分别用 1-1 至 1-4 表示；其中 1-1 为本级人大或政府层面文件，1-2 为城市节水主管部门层面文件，1-3 为节水机构制定的具体文件，1-4 为节水奖惩台账和通告等。其他指标的分类目录可参照确定。

除总目录外，原始材料指标分类后还可设置分目录，分目录应放在每一册原始资料档案盒的首页，如表 4-2 所示。

表 4-2　某市创建国家节水型城市原始资料分目录

指标分类	具体名称	具体资料
1-1	本级人大或政府层面文件	1.××市城市节约用水管理办法 2.××市水资源管理办法 3.××市中水设施建设管理办法 4.××市供水管理办法 5.××市排水设施管理办法 6.××市加强自动售水机管理的通告
1-2	城市节水主管部门层面文件	1.××市关于水平衡测试的规定 2.××市关于计划用水的管理办法 3.××市加强自备井管理的通知 4.××市节水统计管理制度 5.××市海绵城市管理办法
...	...	...

在考核现场，建议召集熟悉情况的相关人员，全程参与专家查阅过程，协助快速查找资料，并回答专家质询。

三、备选点筹备

被考核城市应在考核组到达前，确定现场考核备选点；备选点类型主要包括节水型与非节水型的工业企业、单位、居民小区，给水处理厂，污水处理厂，再生水厂，海绵城市项目，建材市场，城市集中式饮用水水源地，黑臭水体治理点等。其中，节水型工业企业、单位、居民小区等备选点的数量，分别应不少于 5 个；非节水型的工业企业、单位、居民小区等备选点数量，分别应不少于 3 个。

为便于考核组选取确定考核地点，被考核城市应将备选点标注在城市节水工作考核范围示意地图上，并将备选点的基本情况汇编成册。

工业企业的基本情况应包括：单位名称、地址、法人代表、是否为省级节水型、主要产品名称、企业规模、年用水总量、年取水总量（新水量）、取水来源、主要用水环节和用水部位、单位产品取水量、主要节水措施、节水工程投资、节水工作亮点、节水量等；

单位的基本情况应包括：单位名称、地址、法人代表、是否为省级节水型、年用水总量、年取水总量（新水量）、取水来源、主要用水环节和用水部位（如有集中空调系统，注明循环冷却水用水量）、每人（床、学生等）取水量、主要节水措施、节水工程投资、节水工作亮点、节水量等；

居住小区的基本情况应包括：小区名称、地址、物业管理公司、是否为省级节水型、居民户数、一户一表情况、主要供水与节水设备、月用水总量、主要用水结构、居民家庭人均日用水量、主要节水措施、节水工程投资、节水工作亮点、节水量等；

给水处理厂、污水处理厂、再生水厂等基本情况应包括：单位名称、地址、责任单位、设计规模、目前运行规模、主要处理工艺（污泥处理工艺）、进出厂水质指标、服务范围、自动化水平、日常管理运行记录、污水污泥出路等；

海绵城市项目基本情况应包括：项目名称、地址、责任单位、项目规模、汇水范围、主要的海绵技术与设施、日常管理情况、运行效果等；

建材市场基本情况应包括：市场名称、地址、销售卫生器具的厂家数量、日常检查情况、检查结果等；

黑臭水体治理点基本情况应包括：水体名称、地址、责任人、水体长度、水体宽度、水体深度、入河排放口数量、常年流量、治理前后水质指标、主要治理措施、工程及投资、日常监管、治理效果等；

城市集中式饮用水水源地基本情况应包括：水源地名称、地址、责任人、水质情况、日常管理情况等。

被考核城市还应督促指导备选点确定现场查看路线，组织熟悉节水工作的人员介绍，并准备好节水管理制度、图纸、台账、统计报表、节水创建材料、水平衡测试报告、节水改造材料等原始资料。

当考核组选定现场查看地点后，被考核城市应安排现场查看相关事宜。现场考核记录表详见附件2。

四、会议组织与协调

现场考核需要召开国家节水型城市创建（复查）汇报会和国家节水型城市创建（复查）反馈会。考虑到时间的合理安排和减少会议次数，可以将两次会议合并，安排在现场考核的最后进行，将会议名称定为"某某市国家节水型城市创建（复查）汇报反馈会"，被考核城市国家节水型城市创建（复查）领导小组成员和有关单位分管领导参加会议。

被考核城市节水管理机构要做好会议的组织及签到工作，签到表需送交考核组联系人员。会议一般由省级住建或发改主管部门领导主持，会议的主要议程主要有9项：

1. 主持人介绍被考核城市参加会议的有关领导和部门；
2. 考核组组长介绍考核组成员并简要讲话；
3. 被考核城市领导致辞；
4. 观看城市节水及创建（复查）国家节水型城市工作影像资料；
5. 被考核城市政府主管领导汇报创建（复查）国家节水型城市工作情况；
6. 考核专家组成员分别点评城市节水工作，并提出相关建议；
7. 考核专家组组长代表专家组宣读国家节水型城市创建（复查）现场考核意见；
8. 被考核城市主要领导表态发言；
9. 考核组组长总结讲话。

五、其他工作

现场考核工作要求高、工作量大，时间又比较紧张，因此需要被考核城市提前做好各项准备工作，特别是应准备多套现场考核建议路线，避开交通堵塞等因素的干扰。此外，工作现场应提供 A4 纸、计算机、打印机、订书机、计算器等必备工作用品。

被考核城市应严格按照有关廉政规定，以及住房城乡建设部、国家发改委对现场考核工作的要求，协助做好现场考核的后勤保障工作。

第五章　城市节水基础数据统计表与填写要求

一、统计表概况

城市节水基础数据统计表包括城市节水管理机构基本信息表（表 5-1）和考核年度城市节水基础数据与基本情况表（表 5-2）。

表 5-1　城市节水管理机构基本信息表

节水机构名称					性　　质	
详细通信地址					邮政编码	
节水机构隶属主管部门			分管领导		职务/职称	
节水机构负责人		职　务		联系方式		
节水机构联系人		职　务		联系方式		
机构是否有编办批文				批准文号		
机构编制人员数目				实际工作人员数目		
内设机构名称	_____、_____、_____、_____、					

表 5-2　考核年度城市节水基础数据与基本情况表

编号	项目	计量单位	前3年	前2年	前1年	逻辑关系或计算公式
A	城市市区面积	km^2	—			
B	城市建成区面积	km^2	—			
C	水资源总量	亿 m^3				
D	年人均水资源量（缺水城市＜600m^3/人）	m^3/人				
D_1	多年平均降雨量（缺水城市＜200mm）	mm				
E	城市用水人口	万人	—			
F	城市居民总户数	户				
G	地区生产总值（GDP）（□当年价格，□不变价格）	亿元				
G_1	其中，一产	亿元				
H	本级财政支出	亿元	—			
I	城市工业增加值（□规模以上：□当年价格，□不变价格；□全口径：□当年价格，□不变价格）	亿元				
J	城市节水财政资金投入	万元	—			
K	城市节水社会资金投入	万元	—			
L	下达用水计划的公共供水非居民用水单位实际用水量	万 m^3	—			

编号	项目	计量单位	前3年	前2年	前1年	逻辑关系或计算公式
M	供水总量	万 m³	—			$M_1 + M_2$
M_1	其中，公共供水	万 m³	—			$M_1 > P$
M_2	自备水	万 m³	—			$M_2 \geqslant Q$
N	用水总量（新水量，公共供水＋自备水）	万 m³				$N_1 + N_4 + N_5 + N_6 + N_7$
N_1	其中，生产运营用水	万 m³				$P_{11} + Q_1$；$N_1 > N_2$
N_2	其中，工业用水	万 m³				$N_2 < N_1$
N_3	其中，电厂用水	万 m³				$N_3 < N_2$
N_4	公共服务用水	万 m³				$P_{12} + Q_2$
N_5	居民家庭用水	万 m³				$P_{13} + Q_3$
N_6	其他用水	万 m³				$P_{14} + Q_4$
N_7	免费用水量	万 m³				$N_7 = P_2$
P	供水企业注册用户用水量	万 m³				$P_1 + P_2$
P_1	其中，计费用水量	万 m³				$P_{11} + P_{12} + P_{13} + P_{14}$
P_{11}	（1）生产运营用水	万 m³				
P_{12}	（2）公共服务用水	万 m³				
P_{13}	（3）居民家庭用水	万 m³				$P_{13} \geqslant P_{131}$
P_{131}	（3.1）居民抄表到户水量	万 m³	—			
P_{14}	（4）其他用水	万 m³				
P_2	免费用水量	万 m³				
Q	自备水用水量（新水量）	万 m³				$Q_1 + Q_2 + Q_3 + Q_4$
Q_1	其中，生产运营用水	万 m³				
Q_2	公共服务用水	万 m³				
Q_3	居民家庭用水	万 m³				
Q_4	其他用水	万 m³				
R	下达用水计划的自备水实际用水量	万 m³	—			$R_1 + R_2 + R_3 + R_4$
R_1	其中，生产运营用水	万 m³	—			
R_2	公共服务用水	万 m³	—			
R_3	居民家庭用水	万 m³	—			
R_4	其他用水	万 m³	—			
S_1	城市公共供水管网覆盖范围内关停的自备井数	个	—			

编号	项目	计量单位	前3年	前2年	前1年	逻辑关系或计算公式
S_2	城市公共供水管网覆盖范围内的自备井总数	个	—			
T	城市工业用水量（新水量）（□全口径，□规模以上）	万 m^3				$T_{全口径}=N_2$；$T_{规模以上}<N_2$
U	重复利用水量	万 m^3	—			$U>U_1>U_2$
U_1	其中，工业生产	万 m^3	—			
U_2	其中，电厂	万 m^3				
V	水资源费（税）征收价格	元/m^3	—	—	—	
V_1	地表水分类注明（供水企业 元/m^3，工商业 元/m^3，特种行业 元/m^3……）					
V_2	地下水分类注明（供水企业 元/m^3，工商业 元/m^3，特种行业 元/m^3……）					
W	城市自来水价格	元/m^3	—	—	—	
W_{11}	其中，居民家庭：阶梯水价第一级（≤_____ m^3/户）	元/m^3	—			
W_{12}	阶梯水价第二级（___～___ m^3/户）	元/m^3	—			
W_{13}	阶梯水价第三级（≥___ m^3/户）	元/m^3	—			
W_2	生产运营	元/m^3	—			
W_3	公共服务	元/m^3	—			
W_4	分类注明（优质水：经营 元/m^3，非经营 元/m^3，特种 元/m^3；工业水： 元/m^3……）					
X	特种行业收费标准	元/m^3	—			
X_1	其中，洗浴	元/m^3	—			
X_2	洗车	元/m^3	—			
X_3	分类注明（纯净水及饮料制造业 元/m^3，洗车业 元/m^3，桑拿浴室 元/m^3，美容美发厅 元/m^3，洗衣店 元/m^3……）					
Y	再生水价格	元/m^3	—			
Y_1	分类注明（工业： 元/m^3，服务： 元/m^3……）					
Z	城市污水处理费收费标准	元/m^3	—	—	—	
Z_1	其中，居民家庭	元/m^3	—			
Z_2	生产运营	元/m^3	—			
Z_3	公共服务	元/m^3	—			
Z_4	分类注明（高耗水： 元/m^3；一般工商业： 元/m^3；非经营性： 元/m^3；居民： 元/m^3……）					
AA	应征收污水处理费	万元	—			AA_1+AA_2
AA_1	其中，公共供水	万元	—			
AA_2	自备水	万元	—			

编号	项目	计量单位	前3年	前2年	前1年	逻辑关系或计算公式
AB	城市污水排放总量	万 m^3	—			
AB_1	其中，城市污水处理总量	万 m^3				
AC	实际征收污水处理费	万元	—			AC_1+AC_2
AC_1	其中，公共供水	万元	—			
AC_2	自备水	万元	—			
AD	应征收的水资源费（税）	万元	—			AD_1+AD_2
AD_1	其中，地表水	万元	—			
AD_2	地下水	万元	—			
AE	实际征收的水资源费（税）	万元	—			AE_1+AE_2
AE_1	其中，地表水	万元	—			
AE_2	地下水	万元	—			
AF	城市非常规水资源利用总量（直流冷却海水折算后）	万 m^3				$AF_1+AF_2+AF_3-0.9 \times AF_{31}+AF_4$
AF_1	其中，再生水利用量	万 m^3				
AF_2	雨水利用量	万 m^3				
AF_3	海水利用量（折算前）	万 m^3				$AF_3 \geqslant AF_{31}$
AF_{31}	其中，直流冷却的海水利用量（折算前）	万 m^3				
AF_4	其他利用量	万 m^3				
AG	公共供水 DN75（含）以上管道长度	km	—			
AH	公共供水年平均出厂压力	MPa	—			
AI	最大冻土深度是否大于 1.4m	m	—			
AJ	特种行业单位总数	家	—			
AJ_1	其中，设表计量并收费的特种行业单位数	家	—			
AK	省级节水型居民小区居民户数	户	—			
AL	省级节水型单位用水量（新水量）	万 m^3	—			
AM	省级节水型企业用水量（新水量）	万 m^3	—			
AN	（建成区）生活用水器具的市场总数	个	—			
AP	（建成区）抽检生活用水器具市场的个数	个	—			
AQ	（建成区）公共建筑在用用水器具总数（抽检）	个	—			
AR	（建成区）公共建筑节水型器具数（抽检）	个	—			
8.1	城市节水财政资金投入占本级财政支出的比例	‰	—			$J \div (H \times 10000)$

编号	项目	计量单位	前3年	前2年	前1年	逻辑关系或计算公式
8.2	城市节水资金投入占本级财政支出的比例	‰	—			$(J+K)\div(H)\times 10000$
9.2	公共供水的非居民用水计划用水率	%	—			$L\div(P_{11}+P_{12}+P_{14})$
10.2	自备水计划用水率	%	—			$R\div Q$
10.3	自备井关停率	%	—			$S_1\div S_2$
12.1	水资源费（税）征收率	%	—			$AE\div AD$
12.2	污水处理费（含自备水）收缴率	%	—			$AC\div AA$
13.1	万元地区生产总值用水量（不含一产）	m³/万元				$N\div(G-G_1)$
13.2	万元地区生产总值用水量降低率	%	—			（上年－当年）÷上年
14.1	城市非常规水资源替代率（直流冷却海水折算后）	%				$AF\div N$
14.2	城市非常规水资源利用增长率	%	—			当年－上年
14.3	城市再生水利用率	%				$AF1\div AB1$
14.4	城市再生水利用增长率	%	—			当年－上年
15.2.1	城市供水管网漏损率（修正前）	%				$(M_1-P)\div M_1$
15.2.2	城市供水管网漏损率（修正后）	%				"15.2.1"－修正值
16	（省级）节水型居民小区覆盖率	%	—			$AK\div F$
17	（省级）节水型单位覆盖率	%	—			$AL\div(N-N_2-N_5)$
18	城市居民生活用水量	L/（人·日）	—			$N_5\times 1000\div E\times 365$
19.1	（建成区）生活用水器具市场抽检覆盖率	%	—			$AP\div AN$
19.4	（建成区）公共建筑节水型器具普及率	%	—			$AR\div AQ$
20	特种行业用水计量收费率	%	—			$AJ_1\div AJ$
21.1	万元工业增加值用水量（全口径，当年价格）	m³/万元				$T\div I$
21.2	万元工业增加值用水量降低率	%				（上年－当年）÷上年
22	工业用水重复利用率（不含电厂）	%				$(U_1-U_2)\div(N_2-N_3+U_1-U_2)$
23	工业企业单位产品用水量：（按以下填入）	—	—	—	—	
	用水主要行业注明：（1. 火力发电；2. 钢铁；3. 石油炼制；4. 棉印染；5. 造纸……）					
	应达到用水定额标准（含国标和地标）的行业数	个	—			
	未达到用水定额标准（含国标和地标）的行业数	个	—			

续表

编号	项目	计量单位	前3年	前2年	前1年	逻辑关系或计算公式
24	（省级）节水型企业覆盖率	%	—			$AM \div N_2$
25.1	城市水环境质量达标率	%	—			

二、统计目的与要求

1. 目的

城市节水基础数据表既是衡量一个城市是否达到《国家节水型城市考核标准》的重要依据，又是加强国家节水型城市动态管理的重要手段。

2. 要求

（1）申报城市：申报考核年，上报前两年统计数据。

（2）已获得国家节水型城市称号的城市：每年向住房城乡建设部、国家发展改革委上报统计数据，上报截止日期为当年的 8 月 31 日。

三、统计年限和范围

1. 统计年限

（1）统计涉及增长率和降低率相关数据，填报申报或复查年前三年。

（2）统计其他数据，填报申报或复查年前二年。

2. 统计范围

（1）统计节水型器具普及或建成区范围内无黑臭水体，统计范围为城市建成区。

（2）统计自备井关停率或城市供水管网漏损率，统计范围为城市公共供水管网覆盖范围内。

（3）统计海绵城市的区域内无易涝点，统计范围为已建成海绵城市的区域。

（4）统计其他数据，统计范围为市区。

四、指标填写说明

城市节水基础数据统计表各项指标填写说明，如表5-3所示。

供水管网漏损率修正值最大冻土深度大于 1.4m 的城市对照表，如表5-4所示。

五、填写案例

城市节水基础数据统计表填写案例，如表5-5所示。

表5-3 城市节水基础数据统计表各项指标填写说明

编号	指标			数据来源	统计年份	指标解释或作用
A	城市市区面积（km²）					市区：指设市城市本级行政区域，不包括市辖县和市辖市。
B	城市建成区面积（km²）			城市建设统计年鉴		城市建成区：指城市行政区规划范围内已成片开发建设、市政公用设施和公共设施基本具备的区域。
C	水资源总量（亿m³）			水资源管理部门	前2年	指降水所形成的地表和地下的产水量，即河川径流量同降水入渗补给量之和。
D	年人均水资源量（缺水城市<600m³/人）					根据《国家节水型城市考核标准》"城市非常规水资源利用"，京津冀区域，再生水利用率≥30%；其他地区，再生水利用率≥20%或年增长率≥5%；缺水城市，城市非常规水资源替代率≥20%或年增长率≥5%的规定，这两项指标判别是否属缺水城市的依据。
D_1	多年平均降雨量（缺水城市<200mm）					
E	城市用水人口（万人）			城市建设统计年鉴		指城市供水设施供给居民家庭用水的户数及人口，用水人口按当地总人口减去供水设施未供应到的区域人口。
F	城市居民户总数（户）			公安或统计部门		指市区范围内年末公安户籍总户数。
G	地区生产总值(GDP)（亿元）	当年价格		统计部门	前3年	本指标是计算"万元地区生产总值(GDP)用水量"和"年降低率"的依据。
		不变价格				
G_1	其中、一产（亿元）	当年价格				本指标是计算"万元地区生产总值(GDP)用水量"需要扣除一产的依据。
		不变价格				
I	城市工业增加值（亿元）	全口径	当年价格			本指标是计算"万元工业增加值用水量"和"年降低率"的依据。
			不变价格			
		规模以上	不变价格			注：不变价格是用以计算各时期生产价值指标的固定价格，是可比价格的一种形式，我国现行每5年（逢0、5）为一个周期，如2019年不变价格是按照2015年的价格为固定基数。

续表

编号	指标	数据来源	统计年份	指标解释或作用
H	本级财政支出(亿元)	财政部门(本级财政一般公共预算支出实际执行数)		本指标是计算"城市节水财政投入占本级财政支出的比例"和城市节水资金投入占本级财政支出的比例)的依据。
J	城市节水财政资金投入(亿元)	1.财政部门(包括市本级、区等)用于节水项目的支出; 2.各相关部门用于节水项目的财政资金(发改、经信、建设、水利等)	前2年	(政府财政资金) 城市节水财政资金投入和城市节水社会资金投入是指用于节水宣传、节水奖励、节水型产品推广、非常规水资源(再生水、雨水、海水等)利用设施建设,以及公共节水设施建设与改造(不含城市供水管网建设与改造)等的投入。
K	城市节水社会资金投入(亿元)	由节水管理部门调查统计企事业单位、社会团体用于节水方面的投入		(社会资金)
L	下达用水计划的公共供水非居民用水单位实际用水量(即新水取水量)(万 m³)	城市建设统计年鉴		本指标是计算"公共供水的非居民用水计划用水率"的依据。如《城市节水设施建设统计年鉴》没有填报，则由节水管理部门统计。
M	供水总量(M_1＋M_2)(万 m³)			指进入供水管网中全部水量之和，包括自产供水量和外购供水量。
M_1	其中,公共供水(万 m³)			本指标是计算"城市供水管网漏失率"的依据。
M_2	自备水(不含公共供水企业取水量)(万 m³)			"自产供水量(修正前)"的依据。如《城市建设统计年鉴》统计年填报没有填报，则由供水资源管理部门提供。
N	用水总量(新水量、公共供水＋自备水)(万 m³)			本指标是计算"城市万元地区生产总值用水量(不含一产)"和"城市非常规水资源替代率"的依据。
N_1	其中,生产运营用水(万 m³)	供水企业和水资源管理部门及节水管理部门调查统计	前3年	本项生产运营用水包括公共供水部分与自备水部分。
N_2	其中,工业用水(万 m³)		前2年	本指标是计算"工业用水重复利用率"和"节水型企业覆盖率"的依据。
N_3	其中,电厂用水(万 m³)			本指标是计算"工业用水重复利用率"扣除电厂部分用水的依据。

注：生产运营用水指在城市运营范围内生产、运营的农、林、牧、渔业、工业、建筑业、交通运输业等单位在生产、运营过程中的用水。因此，一般 N_1 生产运营用水＞N_2 工业用水。

编号	指标	数据来源	统计年份	指标解释或作用
N_4	公共服务用水（万 m^3）	城市建设统计年鉴	前 3 年	本项公共服务用水包括用水公共供水部分与自备水部分。
N_5	居民家庭用水（万 m^3）			本项居民家庭用水包括用水公共供水部分与自备水部分。
N_6	其他用水（万 m^3）			本项其他用水包括用水公共供水部分与自备水部分。
N_7	免费用水量（万 m^3）			本项免费用水量包括用水公共供水部分与自备水部分。
P	供水企业注册用户用水量（P_1+P_2）（万 m^3）	城市建设统计年鉴	前 3 年	指水厂将出厂水供给厂区外后，各类注册用户实际使用到的水量。包括计费用水量和免费用水量。
P_1	其中：计费用户用水量（$P_{11}+P_{12}+P_{13}+P_{14}$）（万 m^3）			指在供水单位注册的计费用户的用水量。
P_{11}	（1）生产运营用水（万 m^3）			指在城市范围内生产、运营的农、林、牧、渔业，工业、建筑业、交通运输业等单位在生产、运营过程中的用水。
P_{12}	（2）公共服务用水（万 m^3）			指为城市社会公共生活服务的用水。包括行政事业单位、部队营区和公共设施服务、社会服务业、批发零售贸易业、旅馆饮食业以及社会服务业等单位的用水。
P_{13}	（3）居民家庭用水（万 m^3）			指城市范围内所有居民家庭的日常生活用水。包括城市居民、农民家庭、公共供水站用水。
P_{131}	（3.1）居民抄表到户水量（万 m^3）	供水企业	前 2 年	指供水企业与居民家庭直接结算的水量，即"一户一表"水量，而不是楼门表计量的水量。一般 P_{131}（居民抄表到户水量）＜P_{13}（居民家庭用水）。本指标是修正供水管网漏损率的依据。
P_{14}	（4）其他用水（万 m^3）	城市建设统计年鉴	前 3 年	指供水企业供应的水量，比如消防用水。
P_2	免费用水量（万 m^3）			特困居民免收水费的水量等。
Q	自备水用水量（新水量）（$Q_1+Q_2+Q_3+Q_4$）（万 m^3）	城市建设统计年鉴或水资源管理部门	前 3 年	本指标是计算"城市用水总量"和"自备水计划用水率"的依据。
Q_1	其中：生产运营用水（万 m^3）			
Q_2	公共服务用水（万 m^3）			
Q_3	居民家庭用水（万 m^3）			
Q_4	其他用水（万 m^3）			

续表

编号	指标	数据来源	统计年份	指标解释或作用
R	下达用水计划的自备水实际用水量（$R_1＋R_2＋R_3＋R_4$）	水资源管理部门	前 2 年	本指标是计算"自备水计划用水率"的依据。
R_1	其中，生产运营用水（万 m^3）			
R_2	公共服务用水（万 m^3）			
R_3	居民家庭用水（万 m^3）			
R_4	其他用水（万 m^3）			
S_1	城市公共供水管网覆盖范围内关停的自备井数	水资源管理部门	前 2 年	此两项指标是"城市公共供水管网覆盖范围内的自备井关停率"的依据，即：自备井关停率＝$(S_1/S_2)×100\%$。
S_2	城市公共供水管网覆盖范围内的自备井总数			
T	城市工业用水量（新水量）（万 m^3）　全口径／规模以上	供水企业和水资源管理部门或节水管理部门	前 3 年	统计口径应与工业增加值（编号为 I）口径一致，是全口径水量即按全口径水量填写；是规模以上即按规模以上水量填写。
U	重复利用量（$U＞U_1＞U_2$）（万 m^3）	节水管理部门	前 2 年	包括工业生产和公共服务等
U_1	其中，工业生产重复利用量（万 m^3）			指工业企业内部，循环利用的水量和直接或经处理后回收再利用的水量，即工业企业中所有未经处理使用的水量总和，包括循环用水量和回用水量，串联用水量和回用水量（不含电厂）。这两项指标是计算"工业用水重复利用率"的依据。
U_2	其中，电厂重复利用量（万 m^3）			
V	水资源费（税）征收价格（元/m^3）	水资源管理部门	最近出台收费标准	本指标是征收水资源费（税）的依据
V_1	地表水分类注明			示例：供水企业××元/m^3，工商业××元/m^3，特种行业××元/m^3，贯流水××元/m^3
V_2	地下水分类注明			示例：供水企业××元/m^3，工商业××元/m^3，特种行业××元/m^3
W	城市自来水价格（元/m^3）	价格管理部门	最近出台收费标准	本指标是供水价格定价的依据。
W_{11}	其中，居民家庭　阶梯水价一级			
W_{12}	阶梯水价二级			

续表

编号	指标	数据来源	统计年份	指标解释或作用
W₁₃	阶梯水价三级			本指标是居民用水实行阶梯水价的依据。
W₂	生产运营	价格管理部门	最近出台收费标准	
W₃	公共服务			如有其他分类价格可在此栏填写。
W₄	分类注明			
X	特种行业收费标准(元/m³)			本指标是特种行业价格标准的依据。
X₁	其中,洗浴	价格管理部门	最近出台收费标准	
X₂	洗车			如有其他分类价格可在此栏填写。
X₃	分类注明			
Y	再生水价格(元/m³)	价格管理部门	最近出台收费标准	本指标是再生水标准的依据。
Y₁	分类注明			分类价格可在此栏填写。
Z	城市污水处理费收费标准(元/m³)	价格管理部门	最近出台收费标准	本指标是污水处理费收费标准的依据。
Z₁	其中,居民家庭			
Z₂	生产运营			
Z₃	公共服务			如有其他分类价格可在此栏填写。
Z₄	分类注明			
AA	应征收污水处理费(AA=AA₁+AA₂)(元/m³)	污水处理费征收部门	前2年	
AA₁	其中,公共供水			
AA₂	自备水			
AB	城市污水排放总量(万m³)	城市建设统计年鉴	前3年	计算"城市再生水利用率和增长率"的依据。
AB₁	其中,城市污水处理总量(万m³)			
AC	实际征收污水处理费(AC=AC₁+AC₂)(万元)	污水处理费征收部门	前2年	计算"污水处理费(含自备水)收缴率"的依据。
AC₁	其中,公共供水(万元)			
AC₂	自备水(万元)			

续表

编号	指标	数据来源	统计年份	指标解释或作用
AD	应征收的水资源费（税）（AD＝AD$_1$＋AD$_2$）（万元）	水资源管理部门	前2年	计算"水资源费（税）征收率"的依据。
AD$_1$	其中，地表水（万元）			
AD$_2$	地下水（万元）			
AE	实际征收的水资源费（税）（AE＝AD$_1$＋AD$_2$）（万元）			计算"水资源费（税）征收率"的依据。
AE$_1$	其中，地表水（万元）			
AE$_2$	地下水（万元）			
AF	城市非常规水资源利用总量（直流冷却海水折算后）（AF$_1$＋AF$_2$＋AF$_3$－AF$_{31}$×90％＋AF$_4$）（万m³）	节水管理部门	前3年	计算"城市非常规水资源替代率"的依据。
AF$_1$	其中，再生水利用量（万m³）			计算"再生水利用率"或"增长率"的依据。
AF$_2$	雨水利用量（万m³）			
AF$_3$	海水利用量（折算前）（万m³）			
AF$_{31}$	其中，直流冷却海水利用量（万m³）			按用水量的10％纳入非常规水资源利用总量。
AF$_4$	其他利用量（万m³）			
AG	公共供水DN75（含）以上管道长度（km）	供水企业	前2年	计算"供水管网漏损率"单位供水量管长"的修正值"的依据。
AH	公共供水水平均出厂压力（MPa）			计算"供水管网漏损率"年平均出厂压力的修正值"的依据。
AI	最大冻土深度是否大于1.4m	对照表5-4		计算"供水管网漏损率"最大冻土深度的修正值"的依据。
AJ	特种行业单位总数（家）	供水企业	前2年	计算"特种行业用水计量收费率"的依据。
AJ$_1$	其中，设表并计量收费的特种行业单位数			
AK	省级节水型居民小区居民户数	节水管理部门	前2年	计算"节水型居民小区覆盖率"的依据。
AL	省级节水型单位用水量（新水量）（万m³）			计算"节水型单位覆盖率"的依据。
AM	省级节水型企业生活用水量（新水量）（万m³）			计算"节水型企业覆盖率"的依据。
AN	（建成区）生活用水器具的市场总数（个）	节水管理部门联合市场监管部门	前2年	生活用水市场一般指家居或建材市场。此两项指标是计算"生活
AP	（建成区）抽检生活用水器具的个数			用水器具市场抽检覆盖率"的依据。

续表

编号	指标	数据来源	统计年份	指标解释或作用
AQ	(建成区)公共建筑在用用水器具总数(抽检)	节水管理部门	前2年	按用水量排名前10的公共建筑抽检填写。此两项指标是计算"公共建筑节水型器具普及率"的依据。
AR	(建成区)公共建筑节水型器具数(抽检)			
8.1	城市节水财政资金投入占本级财政支出的比例(%)	H,J	前2年	其中,J为城市节水财政资金投入;H为本级财政支出。$J \div (H \times 10000)$
8.2	城市节水资金投入占本级财政支出的比例(%)	H,J,K		其中,J为城市节水财政资金投入;K为城市节水社会资金投入;H为本级财政支出。$(J+K) \div (H \times 10000)$
9.2	公共供水的非居民用水计划用水率(%)	L,P_{11}、P_{12},P_{14}	前2年	$L \div (P_{11}+P_{12}+P_{14})$ 其中,L为下达用水计划的公共供水计划用水量;P_{11}为公共供水生产运营用水量;P_{12}为公共供水单位实际用水量;P_{14}为公共供水其他用水量。
10.2	自备水计划用水率(%)	Q,R	前2年	$R \div Q$ 其中,R为下达用水计划的自备水实际用水量;Q为自备水(新水量)。
10.3	自备井关停率(%)	S_1,S_2	前2年	$S_1 \div S_2$ 其中,S_1为城市公共供水管网覆盖范围内关停的自备井总数;S_2为城市公共供水管网覆盖范围内的自备井总数。
12.1	水资源费(税)征收率(%)	AD,AE	前2年	$AE \div AD$ 其中,AE为实际征收的水资源费(税);AD为应征收的水资源费(税)。
12.2	污水处理费(含自备水)收缴率(%)	AA,AC	前2年	$AC \div AA$ 其中,AC为实际征收污水处理费;AA为应征收污水处理费。
13.1	万元地区生产总值用水量(不含一产)(m³/万元)	G,G_1,N	前3年	$N \div (G-G_1)$ 其中,N为用水总量(新水量);G为地区生产总值;G_1为地区一产总值。*注:全国平均见表5-5。
13.2	万元地区生产总值用水量降低率(%)	"13.1"	前2年	(上年值-当年值)÷上年值 其中为"13.1"中的值。
14.1	城市非常规水资源替代率(直流冷却海水折算后)(%)	N,AF	前3年	$AF \div N$ 其中,AF为城市非常规水资源利用总量(直流冷却海水折算后);N为用水总量(新水量;公共供水+自备水)。
14.2	城市非常规水资源利用增长率(%)	"14.1"	前2年	当年率-上年率,其中为"14.1"中的值。
14.3	城市再生水利用率(%)	AB、AF_1	前3年	$AF_1 \div AB$ 其中,AF_1为再生水利用量;AB为城市污水处理总量。
14.4	城市再生水利用增长率(%)	"14.3"	前2年	当年率-上年率,其中为"14.3"中的值。

续表

编号	指标	数据来源	统计年份	指标解释或作用
15.2.1	城市供水管网漏损率（修正前）(%)	P、M₁	前2年	（M₁－P）÷M₁　式中：M₁ 为公共供水总量；P 为供水企业注册用户用水量。
15.2.2	城市供水管网漏损率（修正后）(%)	M₁、P131、AG、AH、AI	前2年	按《城镇供水管网漏损控制及评定标准》(CJJ 92)规定的修正核减后的漏损率计，即"15.2.1"－（修正值1＋修正值2＋修正值3＋修正值4）。 修正值1＝0.8×(P131÷M₁)×100%； 修正值2＝0.99×(AG÷M₁－0.0693)×100%（当此值＞3%时，取3%；＜－3%时，取－3%）； 修正值3：AH＞0.35MPa 且≤0.55MPa 时，取0.5%；AH＞0.55MPa 且≤0.75MPa 时，取1%；AH＞0.75MPa 时，取2%； 修正值4：当 AI＞1.4m 时，取1%；当 AI≤1.4m 时，为0。 式中：M₁ 为公共供水总量；P131 为居民抄表到户水量；AG 为公共供水 DN75（含）以上管道长度；AH 为公共供水年均出厂压力；AI 为最大冻土深度是否大于1.4m。
16	节水型居民小区覆盖率(%)	AK/F	前2年	AK÷F　式中：AK 为省级节水型居民小区居民户数；F 为城市居民总户数。
17	节水型单位覆盖率(%)	N、N₂、N₅、AL	前2年	AL÷(N－N₂－N₅)　式中：AL 为省级节水型单位用水量；N 为用水总量（公共供水＋自备水）；N₂ 为工业用水量（公共供水＋自备水）；N₅ 为居民家庭用水量（公共供水＋自备水）。
18	城市居民生活用水量[L/(人·日)]	E、N₅	前2年	N₅×1000÷E×365　式中：N₅ 为居民家庭用水量（公共供水＋自备水）；E 为城市用水人口。 根据《城市居民生活用水量标准》(GB/T 50331—2002)，各地域居民生活用水标准上限值： 黑龙江、吉林、辽宁、内蒙古：135L/(人·日)； 北京、天津、河北、河南、山东、山西、陕西、宁夏、甘肃：140L/(人·日)； 上海、江苏、浙江、福建、江西、湖北、湖南、安徽：180L/(人·日)； 广西、广东、海南：220L/(人·日)； 重庆、四川、云南、贵州：140L/(人·日)； 新疆、西藏、青海：125L/(人·日)。

续表

编号	指标	数据来源	统计年份	指标解释或作用
19.1	生活用水器具市场抽检覆盖率(%)	AN、AP	前2年	AP÷AN 式中,AP为(建成区)生活用水器具市场抽检合格的个数;AN为(建成区)生活用水器具市场的个数。
19.4	公共建筑节水型器具普及率(%)	AQ、AR	前2年	AR÷AQ 式中,AR为(建成区)公共建筑节水型用水器具数(抽检);AQ为(建成区)公共建筑在用用水器具总数(抽检)。
20	特种行业用水计量收费率(%)	AJ、AJ₁	前2年	AJ₁÷AJ 式中,AJ₁为设表计量并收费的特种行业单位数;AJ为特种行业单位总数。
21.1	万元工业增加值用水量(m³/万元)	I、T	前3年	T÷I 式中,T为城市工业用水量(新水量);I为城市工业增加值。*注:全国平均值见表5-5。
21.2	万元工业增加值用水量降低率(%)	"21.1"	前2年	(上年值-当年值)÷上年值 式中为"21.1"中的值。
22	工业用水重复利用率(不含电厂)(%)	U₁、U₂、N₂、N₃、U₁、U₂	前2年	(U₁-U₂)÷(N₂-N₃+U₁-U₂) 式中,U₁为工业重复利用量(含电厂);U₂为电厂重复利用量;N₂为工业用水量(新水量,公共供水+自备水);N₃为电厂用水量(新水量,公共供水+自备水)。
23	工业企业单位产品用水量(按以下填入) 用水主要行业注明	节水管理部门		用水排名前10位(县级市前5)的主要行业按用水量大小依次入。示例:1.火力发电;2.钢铁;3.石油炼制;4.棉印染;5.造纸……
	应达到用水定额标准(含国标和地标)的行业数(个) 未达到用水定额标准(含国标和地标)的行业数(个)		前2年	此两项指标是计算"工业企业单位产品用水量"的依据,要求不大于国家发布的GB/T 18916系列标准或省级部门制定的地方定额。
24	(省级)节水型企业覆盖率(%)	N₂、AM	前2年	AM÷N₂ 式中,AM为省级节水型企业用水量(新水量);N₂为工业用水量(新水量,公共供水+自备水)。
25.1	城市水环境质量达标率	环境监测部门	前2年	指城市辖区地表水环境质量达到相应功能水体要求、市域跨界(市界、省界)断面出境水质达到国家或达到省考核目标的比例。

表 5-4　供水管网漏损率修正值最大冻土深度大于 1.4m 的城市对照表

省份	序号	城市名称	最大冻土深度（m）	省份	序号	城市名称	最大冻土深度（m）
内蒙古	1	呼和浩特	1.56	辽宁省	23	沈阳	1.48
	2	包头	1.57		24	抚顺	1.43
	3	赤峰	2.01		25	本溪	1.49
	4	通辽	1.79	吉林省	26	长春	1.69
	5	鄂尔多斯	1.5		27	吉林	1.82
	6	呼伦贝尔	3.16		28	四平	1.48
	7	乌兰察布	1.84		29	松原	2.2
	8	兴安盟	2.49		30	白城	7.5
	9	锡林郭勒盟	2.88		31	延边	1.98
黑龙江	10	哈尔滨	2.05	西藏	32	那曲地区	2.81
	11	齐齐哈尔	2.09	陕西省	33	榆林	1.48
	12	鸡西	2.38	甘肃省	34	金昌	1.59
	13	鹤岗	2.21		35	武威	1.41
	14	伊春	2.78		36	甘南州	1.42
	15	佳木斯	2.2	青海省	37	黄南州	1.77
	16	牡丹江	1.91		38	海南州	1.5
	17	双鸭山	2.6		39	果洛州	2.38
	18	黑河	2.63		40	海北州	2.5
	19	绥化	7.15	新疆	41	克拉玛依	1.92
	20	大兴安岭地区	2.88		42	博尔塔拉蒙古自治州	1.41
山西省	21	大同	1.86		43	塔城地区	1.6
	22	朔州	1.69		44	克孜勒苏柯尔克孜自治州	6.5

表 5-5 2015 年至 2018 年全年国内生产总值用水量、万元工业增加值用水量统计表

年份	国家统计局《国民经济和社会发展统计公报》数据						水利部《中国水资源公报》数据			计算结果（m³/万元）			
	全年国内生产总值（增加值,亿元）		其中				总用水量（亿 m³）	其中		万元国内生产总值用水量（不含一产）		万元工业增加值用水量（全口径）	
			一产（亿元）		工业（亿元）			工业（亿 m³）	农业（亿 m³）				
	现价	不变价	现价	不变价	现价	不变价				现价 10=(7-9)÷(1-3)	不变价 11=(7-9)÷(2-4)	现价 12=8÷5	不变价 13=8÷6
	1	2	3	4	5	6	7	8	9	10	11	12	13
2015	676708	676708	60863	60863	228974	228974	6103.2	1336.60	3851.12	36.57	36.57	58.37	58.37
2016	744128	722047	63671	62871	247860	242712	6040.2	1308.00	3768.0	33.39	34.47	52.77	53.89
2017	827122	771869	65468	65323	279997	258246	6043.4	1277.00	3766.4	29.90	32.23	45.61	49.45
2018	900309	822812	64734	67610	305160	273999	6015.5	1261.6	3693.1	27.79	30.75	41.34	46.04

统计说明：

1. 根据国家统计局统计公报,注释"国内生产总值、各产业增加值以 2015 年不变价格计算",增长速度按不变价格计算。即当年不变价格×（1＋增长率）计算;因 2016 年、2017 年和 2018 年不变价,2015 年为基数,2015 年的国内生产总值和各产业总值的不变价格等于其现价值。
2. 历年总用水量、工业用水量、农业用水量因国家统计局国家数据只有总用水量与水利部数据有一定的差异,故其用水量统计采用水利部资源公报数据。

110

表 5-6 2019 年度某市城市节水基础数据统计表

填报单位（盖章）：   是否属京津冀区域：□是；☑否

编号	项目	计量单位	2017 年	2018 年	2019 年	逻辑关系或计算公式
A	城市市区面积	km²	—	2942.00	2942.00	
B	城市建成区面积	km²	—	199.40	203.90	
C	水资源总量	亿 m³	—	36.90	27.15	
D	年人均水资源量（缺水城市＜600m³/人）	m³/人	—	1448.00	1400.00	
D₁	多年平均降雨量（缺水城市＜200mm）	mm	—	1700.00	1700.00	
E	城市用水人口	万人	—	145.89	150.26	
F	城市居民总户数	户		772400	774100	
G	地区生产总值（GDP）（☑当年价格，□不变价格）	亿元	2550.00	2648.66	2762.20	
G₁	其中，一产	亿元	85.00	89.38	95.06	
H	本级财政支出	亿元		260.81	265.81	
I	城市工业增加值（□规模以上：□当年价格，□不变价格；☑全口径：☑当年价格，□不变价格）	亿元	1002.00	1035.88	1070.80	
J	城市节水财政资金投入	万元	—	5566.00	2599.35	
K	城市节水社会资金投入	万元		7964.87	10120.32	
L	下达用水计划的公共供水非居民用水单位实际用水量	万 m³		18500.00	19923.52	
M	供水总量	万 m³		38029.31	39493.41	M_1+M_2
M₁	其中，公共供水	万 m³		28601.00	30559.90	$M_1>P$
M₂	自备水	万 m³		9428.31	8933.51	$M_2 \geqslant Q$
N	用水总量（新水量，公共供水＋自备水）	万 m³	35597.32	36460.31	37708.24	$N_1+N_4+N_5+N_6+N_7$
N₁	其中，生产运营用水	万 m³	26762.00	27093.43	27244.24	$P_{11}+Q_1；N_1>N_2$
N₂	其中，工业用水	万 m³	—	25000.00	25500.00	$N_2<N_1$
N₃	其中，电厂用水	万 m³		3041.50	4014.37	$N_3<N_2$
N₄	公共服务用水	万 m³	2545.32	2754.88	3428.52	$P_{12}+Q_2$
N₅	居民家庭用水	万 m³	6120.00	6434.00	6843.24	$P_{13}+Q_3$
N₆	其他用水	万 m³	150.00	155.00	170.24	$P_{14}+Q_4$
N₇	免费用水量	万 m³	20.00	23.00	22.00	$N_7=P_2$
P	供水企业注册用户用水量	万 m³	27032.00	27032.00	28774.73	P_1+P_2
P₁	其中，计费用水量	万 m³	25820.00	27009.00	28752.73	$P_{11}+P_{12}+P_{13}+P_{14}$
P₁₁	（1）生产运营用水	万 m³	17010.00	17672.00	18317.68	

编号	项目	计量单位	2017 年	2018 年	2019 年	逻辑关系或计算公式
P_{12}	（2）公共服务用水	万 m³	2540.00	2748.00	3421.57	
P_{13}	（3）居民家庭用水	万 m³	6120.00	6434.00	6843.24	$P_{13} \geqslant P_{131}$
P_{131}	（3.1）居民抄表到户水量	万 m³	—	5800.00	6158.92	
P_{14}	（4）其他用水	万 m³	150.00	155.00	170.24	
P_2	免费用水量	万 m³	20.00	23.00	22.00	
Q	自备水用水量（新水量）	万 m³	9757.32	9428.31	8933.51	$Q_1 + Q_2 + Q_3 + Q_4$
Q_1	其中，生产运营用水	万 m³	9752.00	9421.43	8926.56	
Q_2	公共服务用水	万 m³	5.32	6.88	6.95	
Q_3	居民家庭用水	万 m³	0	0	0	
Q_4	其他用水	万 m³	0	0	0	
R	下达用水计划的自备水实际用水量	万 m³	—	8972.81	8386.94	$R_1 + R_2 + R_3 + R_4$
R_1	其中，生产运营用水	万 m³	—	8972.81	8386.94	
R_2	公共服务用水	万 m³	—	0	0	
R_3	居民家庭用水	万 m³	—	0	0	
R_4	其他用水	万 m³	—	0	0	
S_1	城市公共供水管网覆盖范围内关停的自备井数	个	—	35	38	
S_2	城市公共供水管网覆盖范围内的自备井总数	个	—	40	40	
T	城市工业用水量（新水量）（☑全口径、□规模以上）	万 m³	26450.00	27093.43	27244.24	$T_{全口径} = N_2$；$T_{规模以上} < N_2$
U	重复利用水量	万 m³	—	163089.67	167123.62	$U > U_1 > U_2$
U_1	其中，工业生产	万 m³	—	158887.94	162769.82	
U_2	其中，电厂	万 m³	—	44044.85	50444.96	
V	水资源费（税）征收价格	元/m³	—	—	—	
V_1	地表水分类注明（示例：供水企业 0.2 元/m³，工商业 0.2 元/m³，特种行业 1 元/m³）					
V_2	地下水分类注明（示例：供水企业 0.2 元/m³，工商业 0.2 元/m³，特种行业 1 元/m³）					
W	城市自来水价格	元/m³	—	—	—	
W_{11}	其中，居民家庭：阶梯水价第一级（≤____ m³/户）	元/m³	—	1.80	1.80	
W_{12}	阶梯水价第二级（____～____ m³/户）	元/m³	—	2.70	2.70	
W_{13}	阶梯水价第三级（≥____ m³/户）	元/m³	—	3.60	3.60	

续表

编号	项目	计量单位	2017 年	2018 年	2019 年	逻辑关系或计算公式
W_2	生产运营	元/m³	—	2.70	2.70	
W_3	公共服务	元/m³	—	2.70	2.70	
W_4	分类注明（示例：优质水：经营 3.2 元/m³，非经营 2.7 元/m³，特种 5.1~6 元/m³；工业水：1.3 元/m³）					
X	特种行业收费标准	元/m³	—	5.50	5.50	
X_1	其中，洗浴	元/m³	—	5.50	5.50	
X_2	洗车	元/m³	—	5.50	5.50	
X_3	分类注明（示例：纯净水及饮料制造业、洗车业、桑拿浴室、美容美发厅、洗衣店均为 5.1~6 元/m³）					
Y	再生水价格	元/m³	—	2.00	2.00	
Y_1	分类注明（示例：工业：2 元/m³，服务：2 元/m³……）					
Z	城市污水处理费收费标准	元/m³	—	—	—	
Z_1	其中，居民家庭	元/m³	—	0.70	0.95	
Z_2	生产运营	元/m³	—	2.4/3.5	2.4/3.5	
Z_3	公共服务	元/m³	—	1.80	1.80	
Z_4	分类注明（示例：高耗水 3.5 元/m³；一般工商业 2.4 元/m³；非经营性 1.8 元/m³；居民 0.95 元/m³）					
AA	应征收污水处理费	万元	—	100636.54	96457.60	$AA_1 + AA_2$
AA_1	其中，公共供水	万元	—	63326.09	62707.75	
AA_2	自备水	万元	—	37310.45	33749.85	
AB	城市污水排放总量	万 m³	—	31811.00	30638.00	
AB_1	其中，城市污水处理总量	万 m³	28535.00	30235.91	29405.64	
AC	实际征收污水处理费	万元	—	100606.46	96406.86	$AC_1 + AC_2$
AC_1	其中，公共供水	万元	—	63306.54	62674.77	
AC_2	自备水	万元	—	37299.92	33732.09	
AD	应征收的水资源费（税）	万元	—	4005.10	8175.05	$AD_1 + AD_2$
AD_1	其中，地表水	万元	—	4004.80	8174.80	
AD_2	地下水	万元	—	0.30	0.25	
AE	实际征收的水资源费（税）	万元	—	4005.10	8175.05	$AE_1 + AE_2$
AE_1	其中，地表水	万元	—	4004.80	8174.80	
AE_2	地下水	万元	—	0.30	0.25	
AF	城市非常规水资源利用总量（直流冷却海水折算后）	万 m³	2570.00	2992.62	6582.67	$AF_1 + AF_2 + AF_3 - 0.9AF_{31} + AF_4$
AF_1	其中，再生水利用量	万 m³	2150.00	2545.00	6042.70	
AF_2	雨水利用量	万 m³	140.00	257.62	349.97	
AF_3	海水利用量（折算前）	万 m³	1000.00	1000.00	1000.00	$AF_3 \geqslant AF_{31}$
AF_{31}	其中，直流冷却海水利用量（折算前）	万 m³	800.00	900.00	900.00	

国家节水型城市工作手册

右">续表

编号	项目	计量单位	2017 年	2018 年	2019 年	逻辑关系或计算公式
AF_4	其他利用量	万 m^3	0	0	0	
AG	公共供水 DN75（含）以上管道长度	km	—	5200.00	5685.10	
AH	公共供水年平均出厂压力	MPa	—	0.40	0.40	
AI	最大冻土深度是否大于 1.4m	m	—	否	否	
AJ	特种行业单位总数	家	—	1179	1162	
AJ_1	其中，设表计量并收费的特种行业单位数	家	—	1179	1162	
AK	省级节水型居民小区居民户数	户	—	94199	94199	
AL	省级节水型单位用水量（新水量）	万 m^3	—	626.85	803.38	
AM	省级节水型企业用水量（新水量）	万 m^3	—	7500.00	8400.00	
AN	（建成区）生活用水器具的市场总数	个	—	30	31	
AP	（建成区）抽检生活用水器具市场的个数	个	—	29	30	
AQ	（建成区）公共建筑在用用水器具总数（抽检）	个	—	200	230	
AR	（建成区）公共建筑节水型器具数（抽检）	个	—	200	230	
8.1	城市节水财政资金投入占本级财政支出的比例	‰	—	2.13	0.98	$J \div (H \times 10000)$
8.2	城市节水资金投入占本级财政支出的比例	‰	—	5.19	4.79	$(J+K) \div (H \times 10000)$
9.2	公共供水的非居民用水计划用水率	%	—	89.91	90.94	$L \div (P_{11}+P_{12}+P_{14})$
10.2	自备水计划用水率	%	—	95.17	93.88	$R \div Q$
10.3	自备井关停率	‰	—	87.5	95	$S_1 \div S_2$
12.1	水资源费（税）征收率	%	—	100	100	$AE \div AD$
12.2	污水处理费（含自备水）收缴率	%	—	99.97	99.95	$AC \div AA$
13.1	万元地区生产总值用水量（不含一产）	m^3/万元	14.44	14.25	14.14	$N \div (G-G_1)$
13.2	万元地区生产总值用水量降低率	%	—	1.32	0.77	（上年－当年）÷上年
14.1	城市非常规水资源替代率（直流冷却海水折算后）	%	7.22	8.21	17.46	$AF \div N$
14.2	城市非常规水资源利用增长率	%	—	0.99	9.25	当年－上年
14.3	城市再生水利用率	%	7.53	8.42	20.55	$AF_1 \div AB_1$

114

续表

编号	项目	计量单位	2017 年	2018 年	2019 年	逻辑关系或计算公式
14.4	城市再生水利用增长率	%	—	0.89	12.13	当年－上年
15.2.1	城市供水管网漏损率（修正前）	%	—	5.49	5.84	$(M_1-P)\div M_1$
15.2.2	城市供水管网漏损率（修正后）	%	—	0.37	0.73	"15.2.1"－修正值
16	（省级）节水型居民小区覆盖率	%	—	12.2	12.17	$AK\div F$
17	（省级）节水型单位覆盖率	%	—	12.47	14.94	$AL\div(N-N_2-N_5)$
18	城市居民生活用水量	L/（人·日）	—	120.83	124.77	$N_5\times1000\div E\times365$
19.1	（建成区）生活用水器具市场抽检覆盖率	%	—	96.67	96.77	$AP\div AN$
19.4	（建成区）公共建筑节水型器具普及率	%	—	100	100	$AR\div AQ$
20	特种行业用水计量收费率	%	—	100	100	$AJ_1\div AJ$
21.1	万元工业增加值用水量（全口径，当年价格）	m^3/万元	26.4	26.15	25.44	$T\div I$
21.2	万元工业增加值用水量降低率	%	—	0.95	2.72	（上年－当年）÷上年
22	工业用水重复利用率（不含电厂）	%	—	83.95	83.94	$(U_1-U_2)\div(N_2-N_3+U_1-U_2)$
23	工业企业单位产品用水量：（按以下填入）	—	—	—	—	
	用水主要行业注明：（示例：1. 火力发电；2. 钢铁；3. 石油炼制；4. 棉印染；5. 造纸……）					
	应达到用水定额标准（含国标和地标）的行业数	个	—	10	10	
	未达到用水定额标准（含国标和地标）的行业数	个	—	0	0	
24	（省级）节水型企业覆盖率	%	—	21.5	32.94	$AM\div N_2$
25.1	城市水环境质量达标率	%	—	94.44	95.21	

单位负责人：　　　填报人：　　　电话：　　　上报时间：　　　年　月　日

附　　录

附录1

住房城乡建设部　国家发展改革委
关于印发《国家节水型城市申报与考核办法》
和《国家节水型城市考核标准》的通知
（建城〔2018〕25号）

各省、自治区住房城乡建设厅、发展改革委，直辖市、计划单列市建委（市政管委、水务局）、发展改革委，海南省水务厅，新疆生产建设兵团建设局、发展改革委：

为全面贯彻党的十九大精神，落实国家节水行动要求，按照《国务院关于印发水污染防治行动计划的通知》（国发〔2015〕17号）、《全国城市市政基础设施建设"十三五"规划》确定的目标任务，加强对城市节水工作的指导，规范国家节水型城市申报与考核管理，住房城乡建设部、国家发展改革委组织修订了《国家节水型城市申报与考核办法》和《国家节水型城市考核标准》，现印发给你们，请结合实际，组织做好国家节水型城市申报、复查和日常管理工作。执行中有何问题和建议，请及时与我们联系。原《国家节水型城市申报与考核办法》和《国家节水型城市考核标准》（建城〔2012〕57号）同时废止。

2018年度国家节水型城市申报材料受理截止日期延长至8月31日。

联系电话：

住房城乡建设部城市建设司 010-58934352

国家发展改革委资源节约与环境保护司 010-68505593

附件：1. 国家节水型城市申报与考核办法

2. 国家节水型城市考核标准

附件 1

国家节水型城市申报与考核办法

为全面贯彻党的十九大精神，落实国家节水行动要求，按照《国务院关于印发水污染防治行动计划的通知》（国发〔2015〕17号）、《全国城市市政基础设施建设"十三五"规划》确定的目标任务，加强对城市节水工作的指导，规范国家节水型城市申报与考核管理，制定本办法。

一、适用范围

本办法适用于国家节水型城市的申报、考核、复查及管理。

二、申报范围

全国设市城市。

三、申报条件

申报国家节水型城市，须通过省级节水型城市评估考核满一年（含）以上。被撤销国家节水型城市称号的城市，三年内不得重新申报。

四、申报时间和考核年限

国家节水型城市申报考核工作每两年进行一次，接受申报为双数年；复查自命名当年起每四年进行一次。住房城乡建设部、国家发展改革委在组织考核或复查评审当年的6月30日前受理申报或复查材料。

五、申报程序

（一）申报城市按照《国家节水型城市考核标准》要求进行自审，达标后分别报所在省、自治区住房城乡建设厅与发展改革委（经济和信息化委、工业和信息化厅）进行初审。

（二）省、自治区住房城乡建设厅与发展改革委（经济和信息化委、工业和信息化厅）按照《国家节水型城市考核标准》进行审核，提出初审意见，对初审总分达90分以上的城市，可联合上报住房城乡建设部、国家发展改革委。

直辖市自审达标后，申报材料报住房城乡建设部、国家发展改革委。

六、申报材料

书面申报材料一式三份，并附电子版光盘两份。材料要全面、简洁，每套材料按申报书、基本条件、基础管理考核指标、技术考核指标分四册装订。各项指标支撑材料的种类、出处及统计口径要明确、统一，有关资料和表格填写要规范。

申报材料主要包括：

（一）城市人民政府或经城市人民政府批准的国家节水型城市申报书；

（二）省级住房城乡建设和发展改革（经济和信息化、工业和信息化）主管部门的初审意见；

（三）国家节水型城市创建工作组织与实施方案；

（四）国家节水型城市创建工作总结；

（五）《国家节水型城市考核标准》各项指标汇总材料及说明、自评结果及有关依据资料；

（六）城市节水工作考核范围示意地图；

（七）城市概况，包括城市基础设施建设情况、城市水环境概况、产业结构特点、主要用水行业及单位等；

（八）考核年度的《城市统计年鉴》《城市建设统计年鉴》等有关内容复印件；

（九）省级节水型城市、节水型企业（单位）、节水型居民小区称号的命名批复文件；

（十）简洁朴实、反映国家节水型城市创建工作的影像资料（15分钟内）；

（十一）其他能够体现城市节水工作成效和特色的资料。

七、考核评审组织管理

住房城乡建设部、国家发展改革委负责组建国家节水型城市考核专家委员会，其成员由管理人员和技术人员组成。

国家节水型城市考核专家委员会负责对申报城市进行创建工作技术指导、申报材料预审、现场考核及综合评审等具体工作。

参与申报城市所在省、自治区组织的省内初审工作，或为申报城市提供技术指导的专家，原则上不能参与住房城乡建设部、国家发展改革委组织的对该申报城市的现场考核。

申报城市要实事求是准备申报材料，数据资料要真实可靠，不得弄虚作假；若发现造假行为，取消当年申报资格。申报城市要严格按照有关廉政规定协助完成考核工作。

国家节水型城市考核和复查的日常工作由住房城乡建设部城市建设司负责。

八、考核评审程序

考核工作程序为：

申报材料预审→现场考核→综合评审→公示→通报命名。

（一）申报材料预审。

国家节水型城市考核专家委员会负责完成材料预审，形成预审意见，并提出现场考核城市的建议名单，报住房城乡建设部、国家发展改革委审核。

（二）现场考核。

对通过预审的城市，住房城乡建设部、国家发展改革委将组织现场考核组进行现场考核。申报城市至少应在考核组抵达前两天，在当地不少于两个主要媒体上向社会公布考核组工作时间、联系电话等相关信息，便于考核组听取各方面的意见和建议。现场考核主要程序如下：

1. 听取申报城市的创建工作汇报；

2. 查阅申报材料及有关的原始资料；

3. 专家现场检查，按照考核内容，各类抽查点合计不少于15个；

4. 考核组专家成员在独立提出考核意见和评分结果的基础上，经专家组集体讨论，形成专家组考核意见；

5. 就考核中发现的问题及建议进行现场反馈；

6. 现场考核组将书面考核意见报住房城乡建设部、国家发展改革委。

（三）综合评审。

住房城乡建设部、国家发展改革委共同组织综合评审，根据现场考核情况，审定通过考核的城市名单。

（四）公示及通报命名。

综合评审审定通过的城市名单将在住房城乡建设部、国家发展改革委网站进行公示，公示期为 30 天。公示无异议的，由两部委正式通报命名。

九、动态管理及复查工作

获得国家节水型城市称号的城市，在非复查年份，需按要求每年向住房城乡建设部、国家发展改革委上报上一年度城市节水工作基础数据，每两年上报工作报告。材料上报截止日期为当年的 8 月 31 日。

在复查年份，需按规定上报被命名为国家节水型城市（或上一复查年）以后的节水工作总结，特别是针对最近一次专家组考核意见的整改情况，以及表明达到国家节水型城市有关要求的各项汇总材料和逐项说明材料，并附有计算依据的自查评分结果。复查程序如下：

1. 复查年的 6 月 30 日前，省、自治区住房城乡建设厅会同发展改革委（经济和信息化委、工业和信息化厅）组织对本省（区）的国家节水型城市进行复查，住房城乡建设部、国家发展改革委将委派 1—2 名专家委员会成员专家参加省（区）内复查工作。各省（区）于同年 7 月 15 日前将复查报告（附电子版）报住房城乡建设部、国家发展改革委。

2. 住房城乡建设部、国家发展改革委根据省级复查情况进行抽查，也可视情况直接组织对城市进行复查。

3. 直辖市于 6 月 30 日前将自查材料上报住房城乡建设部、国家发展改革委，由两部委组织复查。

4. 对经复查不合格的城市，住房城乡建设部、国家发展改革委将给予警告，并限期整改；整改后仍不合格的，撤销国家节水型城市称号。对不按期申报复查、连续两次不上报城市节水工作基础数据或工作报告的城市，撤销国家节水型城市称号。

十、附则

县城节水工作考核由省级住房城乡建设会同发展改革（经济和信息化委、工业和信息化厅）部门参照本办法执行。本办法由住房城乡建设部、国家发展改革委负责解释。

附件 2

国家节水型城市考核标准

一、基本条件

（一）法规制度健全。具有本级人大或政府颁发的有关城市节水管理方面的法规、规范性文件，具有健全的城市节水管理制度和长效机制，有污水排入排水管网许可制度实施办法。

（二）城市节水机构依法履责。城市节水管理机构职责明确，能够依法履行对供水、用水单位进行全面的节水监督检查、指导管理，以及组织城市节水技术与产品推广等职责。

（三）建立城市节水统计制度。实行规范的城市节水统计制度，按照国家节水统计的要求，建立科学合理的城市节水统计指标体系，定期上报本市节水统计报表。

（四）建立节水财政投入制度。有稳定的年度政府节水财政投入，能够确保节水基础管理、节水技术推广、节水设施建设与改造、节水型器具普及、节水宣传教育等活动的开展。

（五）全面开展创建活动。成立创建工作领导小组，制定和实施创建工作计划；全面开展节水型企业、单位及居民小区等创建活动；通过省级节水型城市评估考核满一年（含）以上；广泛开展节水宣传日（周）及日常城市节水宣传活动。

上述五项基本条件是申报国家节水型城市必备条件。

二、基础管理指标

（六）城市节水规划。有经本级政府或上级政府主管部门批准的城市节水中长期规划，节水规划需由具有相应资质的专业机构编制。

（七）海绵城市建设。编制完成海绵城市建设规划，在城市规划建设及管理各个环节落实海绵城市理念，已建成海绵城市的区域内无易涝点。

（八）城市节水资金投入。城市节水财政投入占本级财政支出的比例≥0.5‰，城市节水资金投入占本级财政支出的比例≥1‰。

（九）计划用水与定额管理。在建立科学合理用水定额的基础上，对公共供水的非居民用水单位实行计划用水与定额管理，超定额累进加价。公共供水的非居民用水计划用水率不低于90％。建立用水单位重点监控名录，强化用水监控管理。

（十）自备水管理。实行取水许可制度；严格自备水管理，自备水计划用水率不低于90％；城市公共供水管网覆盖范围内的自备井关停率达100％。在地下水超采区，禁止各类建设项目和服务业新增取用地下水。

（十一）节水"三同时"管理。使用公共供水和自备水的新建、改建、扩建工程项目，均必须配套建设节水设施和使用节水型器具，并与主体工程同时设计、同时施工、同时投入使用。

（十二）价格管理。取用地表水和地下水，均应征收水资源费（税）、污水处理费；水资源费（税）征收率不低于95％，污水处理费（含自备水）收缴率不低于95％，收费标准不低于国家或地方标准。有限制特种行业用水、鼓励使用再生水的价格指导意见或标准。建立供水企业水价调整成本公开和定价成本监审公开制度。居民用水实行阶梯水价。

三、技术考核指标

综合节水指标

（十三）万元地区生产总值（GDP）用水量（单位：立方米/万元）。低于全国平均值的 40% 或年降低率≥5%。统计范围为市区，不包括第一产业。

（十四）城市非常规水资源利用。京津冀区域，再生水利用率≥30%；缺水城市，再生水利用率≥20%；其他地区，城市非常规水资源替代率≥20% 或年增长率≥5%。

（十五）城市供水管网漏损率。制定供水管网漏损控制计划，通过实施供水管网分区计量管理、老旧管网改造等措施控制管网漏损。城市公共供水管网漏损率≤10%。考核范围为城市公共供水。

生活节水指标

（十六）节水型居民小区覆盖率。≥10%。

（十七）节水型单位覆盖率。≥10%。

（十八）城市居民生活用水量［单位：升/（人·日）］。不高于《城市居民生活用水量标准》（GB/T 50331）的指标。

（十九）节水型器具普及。禁止生产、销售不符合节水标准的用水器具；定期开展用水器具检查，生活用水器具市场抽检覆盖率达 80% 以上，市场抽检在售用水器具中节水型器具占比 100%；公共建筑节水型器具普及率达 100%。鼓励居民家庭淘汰和更换非节水型器具。

（二十）特种行业用水计量收费率。达到 100%。

工业节水指标

（二十一）万元工业增加值用水量（单位：立方米/万元）。低于全国平均值的 50% 或年降低率≥5%。统计范围为市区规模以上工业企业。

（二十二）工业用水重复利用率。≥83%（不含电厂）。

（二十三）工业企业单位产品用水量。不大于国家发布的 GB/T 18916 定额系列标准或省级部门制定的地方定额。

（二十四）节水型企业覆盖率。≥15%。

环境生态节水指标

（二十五）城市水环境质量。城市水环境质量达标率为 100%，建成区范围内无黑臭水体，城市集中式饮用水水源水质达标。

四、名词解释及指标计算公式

1. 考核年限。申报或复查年之前 2 年为考核年限。

2. 考核范围。各指标除注明外，考核范围均为市区，节水型器具普及考核范围是城市建成区。市区是指设市城市本级行政区域，不包括市辖县和市辖市；城市建成区是指城市行政区规划范围内已成片开发建设、市政公用设施和公共设施基本具备的区域。

3. 海绵城市建设专项规划。按照《海绵城市专项规划编制暂行规定》（建规〔2016〕50 号），坚持问题导向和目标导向，达到《国务院办公厅关于推进海绵城市建设的指导意见》（国办发〔2015〕75 号）和有关规定的深度要求的专项规划。

4. 节水财政投入。政府财政资金用于节水宣传、节水奖励、节水科研、节水型器具、节水技术改造、节水技术产品推广、非常规水资源（再生水、雨水、海水等）利用设施建设，以及公共节水设施建设与改造（不含城市供水管网建设与改造）等的投入。

5. 节水资金投入。政府和社会资金对节水宣传、节水奖励、节水科研、节水型器具、节水技术改造、节水技术产品推广、非常规水资源（再生水、雨水、海水等）利用设施建设，以及公共节水设施建设与改造（不含城市供水管网建设与改造）等的投入总计。

6. 城市公共供水。城市自来水供水企业以公共供水管道及其附属设施向居民和单位的生活、生产和其他各类建筑提供用水。

7. 公共供水的非居民用水计划用水率。城市公共供水中，节水管理部门或城市节水管理机构制定下达用水计划的非居民用水单位实际用水量与非居民用水单位用水总量的比值。

计算公式：（已下达用水计划的公共供水非居民用水单位实际用水量÷公共供水非居民用水单位的用水总量）×100%

8. 自备水计划用水率。自备水用水中，节水管理部门或城市节水机构制定下达用水计划的自备水用水户的实际用水量与自备水用水总量的比值。

计算公式：[已下达用水计划的自备水用水户的实际用水量（新水量）÷自备水用水总量（新水量）]×100%

9. 自备井关停率。城市公共供水管网覆盖范围内，已经关停的自备井数量与该区域中自备井总数的比值。

计算公式：（城市公共供水管网覆盖范围内关停的自备井数÷城市公共供水管网覆盖范围内的自备井总数）×100%

10. 水资源费（税）征收率。实收水资源费（税）与应收水资源费（税）的比值，应收水资源费（税）是指不同水源种类及用水类型水资源费（税）标准与其取水量之积的总和。

计算公式：[实收水资源费（税）÷应收水资源费（税）]×100%

11. 污水处理费（含自备水）收缴率。实收污水处理费（含自备水）与应收污水处理费（含自备水）的比值，应收污水处理费（含自备水）是指各类用户核算污水排放量与其污水处理费收费标准之积的总和。

计算公式：[实收污水处理费（含自备水）÷应收污水处理费（含自备水）]×100%

12. 万元地区生产总值（GDP）用水量。年用水量（按新水量计）与年地区生产总值的比值，不包括第一产业。

计算公式：不包括第一产业的年用水总量÷不包括第一产业的年地区生产总值

13. 城市再生水利用率。城市再生水利用总量占污水处理总量的比例。

计算公式：（城市再生水利用量÷城市污水处理总量）×100%

城市再生水利用量是指污水经处理后出水水质符合《城市污水再生利用》系列标

准等相应水质标准的再生水，包括城市污水处理厂再生水和建筑中水用于工业生产、景观环境、市政杂用、绿化、车辆冲洗、建筑施工等方面的水量，不包括工业企业内部的回用水。鼓励结合黑臭水体整治和水生态修复，推进污水再生利用。

14. 城市非常规水资源替代率。再生水、海水、雨水、矿井水、苦咸水等非常规水资源利用总量与城市用水总量（新水量）的比值。

计算公式：[非常规水资源利用总量÷城市用水总量（新水量）]×100%

城市雨水利用量是指经工程化收集与处理后达到相应水质标准的回用雨水量，包括回用于工业生产、生态景观、市政杂用、绿化、车辆冲洗、建筑施工等方面的水量。

建筑与小区雨水回用量参照《民用建筑节水设计标准》（GB 50555）《建筑与小区雨水控制及利用工程技术规范》（GB 50400）计算。

城市海水、矿井水、苦咸水利用量是指经处理后出水水质达到国家或地方相应水质标准并利用的海水、矿井水、苦咸水，包括回用于工业生产、生态景观、市政杂用、绿化等方面的水量。

用于直流冷却的海水利用量，按其用水量的10%纳入非常规水资源利用总量。

15. 城市供水管网漏损率。城市公共供水总量和城市公共供水注册用户用水量之差与城市公共供水总量的比值，按《城镇供水管网漏损控制及评定标准》（CJJ 92）规定修正核减后的漏损率计。

计算公式：[（城市公共供水总量－城市公共供水注册用户用水量）÷城市公共供水总量]×100%－修正值

城市公共供水注册用户用水量是指水厂将水供出厂外后，各类注册用户实际使用到的水量，包括计费用水量和免费用水量。计费用水量指收费供应的水量，免费用水量指无偿使用的水量。

16. 节水型居民小区覆盖率。省级节水型居民小区或社区居民户数与城市居民总户数的比值。省级节水型居民小区是指达到省级节水型居民小区评价办法或标准要求，由省级主管部门会同有关部门公布的小区。

计算公式：（省级节水型居民小区或社区居民户数÷城市居民总户数）×100%

17. 节水型单位覆盖率。省级节水型单位年用水量之和与城市非居民、非工业单位年用水总量的比值，按新水量计。省级节水型单位是指达到省级节水型单位评价办法或标准要求，由省级主管部门会同有关部门公布的非居民、非工业用水单位。

计算公式：｛省级节水型单位年用水总量（新水量）÷[年城市用水总量（新水量）－年城市工业用水总量（新水量）－年城市居民生活用水量（新水量）]｝×100%

18. 城市居民生活用水量。城市居民家庭年平均日常生活使用的水量，包括使用公共供水设施或自建供水设施供水的量。

计算公式：城市居民家庭生活用水量÷城市用水人口数

19. 生活用水器具市场抽检覆盖率。指抽检生活用水器具市场的个数占生活用水器具市场总数的比值。生活用水器具市场一般指家居或建材市场。

计算公式：（抽检生活用水器具市场的个数÷生活用水器具的市场总数）×100%

20. 公共建筑节水型器具普及率。公共建筑等场所中节水型器具数量与在用用水器具总数的比值（按抽检计算）。

计算公式：（节水型器具数÷在用用水器具总数）×100%

节水型器具是指符合《节水型生活用水器具》（CJ/T 164）标准的用水器具。

21. 特种行业用水计量收费率。洗浴、洗车、水上娱乐场、高尔夫球场、滑雪场等特种行业用水单位，用水设表计量并收费的单位数与特种行业单位总数比值。

计算公式：（设表计量并收费的有关特种行业单位数÷有关特种行业单位总数）×100%

22. 万元工业增加值用水量。在一定的计量时间（一般为1年）内，城市工业用水量与城市工业增加值的比值，工业用水量按新水量计。

计算公式：年城市工业用水量（新水量）÷年城市工业增加值

工业用水量是指工矿企业在生产过程中用于制造、加工、冷却（包括火电直流冷却）、空调、净化、洗涤等方面的用水量，按新水量计，不包括企业内部的重复利用水量。

统计口径为规模以上工业企业，按国家统计局相关规定执行。

23. 工业用水重复利用率。在一定的计量时间（一般为1年）内，生产过程中使用的重复利用水量与用水总量的比值。

计算公式：[年工业生产重复利用水量÷（年工业用水新水取水量＋年工业生产重复利用水量）]×100%

24. 工业企业单位产品用水量。某行业（企业）年生产用水总量与年产品产量的比值，其中用水总量按新水量计，产品产量按产品数量计。

计算公式：某行业（企业）年生产用水总量（新水量）÷某行业（企业）年产品产量（产品数量）

25. 节水型企业覆盖率。省级节水型企业年用水量之和与年城市工业用水总量的比值，按新水量计。省级节水型企业是指达到省级节水型企业评价办法或标准要求，由省级主管部门会同有关部门公布的用水企业。

计算公式：[省级节水型企业年用水总量（新水量）÷年城市工业用水总量（新水量）]×100%

26. 城市水环境质量达标率。城市辖区地表水环境质量达到相应功能水体要求、市域跨界（市界、省界）断面出境水质达到国家或省考核目标的比例。数据由城市环境监测部门提供。

27. 城市集中式饮用水水源水质达标。当城市集中式饮用水水源为地表水时，水质应达到或优于《地表水环境质量标准》（GB 3838）中基本项目Ⅱ类水质标准及补充项目、特定项目要求；城市集中式饮用水水源为地下水时，水质应达到或优于《地下水质量标准》（GB/T 14848）Ⅲ类水质标准。

注：计算过程中应优先采用《城市统计年鉴》《城市建设统计年鉴》或地方其他年鉴等统计数据。

附表　国家节水型城市考核标准评分表

附表 1 基本条件评分表

序号	指标	考核内容（指标标准）	考核标准	分数
1	法规制度健全	具有本级人大或政府颁发的有关城市节水管理方面的法规、规范性文件，具有健全的城市节水管理制度和长效机制，有污水排入排水管网许可制度实施办法。	有城市节约用水，水资源管理，供水、排水、用水管理，地下水保护，非常规水利用方面的法规、规章及规范性文件，有污水排入排水管网许可制度实施办法。	一票否决
			有城市节水管理规定等文件；有城市节水奖惩办法、近两年奖惩台账及通告等材料。	
2	城市节水机构依法履责	城市节水管理机构职责明确，能够依法履行对供水、用水单位进行全面的节水监督检查、指导管理，以及组织城市节水技术与产品推广等职责。	城市节水管理主管部门明确。有城市节水管理机构职责、工作机制和制度等材料。	一票否决
			考核年限内，有城市节水的日常培训和管理记录。	
			考核年限内，有城市节水技术与产品推广台账及证明材料。	
3	建立城市节水统计制度	实行规范的城市节水统计制度，按照国家节水统计的要求，建立科学合理的城市节水统计指标体系，定期上报本市节水统计报表。	有用水计量与统计管理办法或者关于城市节水统计制度批准文件，城市节水统计年限至少2年以上。	一票否决
			城市节水统计内容符合地方文件要求，全面、详尽。	
			考核年限内，有齐全的城市节水管理统计报表和全市基本情况汇总统计报表。	
4	建立节水财政投入制度	有稳定的年度政府节水财政投入，能够确保节水基础管理、节水技术推广、节水设施建设与改造、节水型器具普及、节水宣传教育等活动的开展。	有财政部门用于节水基础管理、节水技术推广、节水设施建设与改造、节水型器具普及、节水宣传教育等活动的年度预算和批复文件。	一票否决
5	全面开展创建活动	成立创建工作领导小组，制订和实施创建工作计划；全面开展节水型企业、单位及居民小区等创建活动；通过省级节水型城市评估考核满一年（含）以上；广泛开展节水宣传日（周）及日常城市节水宣传活动。	成立创建工作领导小组，制订创建目标和创建计划。	一票否决
			开展节水型企业、单位、居民小区创建活动。	
			通过省级节水型城市评估考核满一年（含）以上。	
			有全国城市节水宣传周、世界水日等节水宣传活动资料；经常开展日常宣传。	

附表2 基础管理指标评分表

序号	指标	考核内容（指标标准）	考核标准	分数
6	城市节水规划	有经本级政府或上级政府主管部门批准的城市节水中长期规划，节水规划需由具有相应资质的专业机构编制。	有具有相应资质的规划机构编制、并经本级政府或上级政府主管部门批准的城市节水中长期总体规划，得3分。	8
			城市节水规划的规划期限为5—10年，内容应包含现状及节水潜力分析、规划目标、任务分解及保障措施等，得3分。	
			城市节水规划执行并落实到位，得2分。	
7	海绵城市建设	编制完成海绵城市建设规划，在城市规划建设及管理各个环节落实海绵城市理念，已建成海绵城市的区域内无易涝点。	编制完成海绵城市建设规划，得2分。	6
			出台海绵城市规划建设管控相关制度，考核年限内，全市范围内的新、改、扩建项目在"一书两证"、施工图审查和竣工验收等环节均有海绵城市专项审核，得2分。	
			已建成海绵城市的区域内无易涝点得2分，每出现1个易涝点扣1分。	
8	城市节水资金投入	城市节水财政投入占本级财政支出的比例≥0.5‰，城市节水资金投入占本级财政支出的比例≥1‰。	城市节水财政投入占本级财政支出的比例≥0.5‰，得4分。	8
			城市节水资金投入占本级财政支出的比例≥1‰，得4分。	
9	计划用水与定额管理	在建立科学合理用水定额的基础上，对公共供水的非居民用水单位实行计划用水与定额管理，超定额累进加价。公共供水的非居民用水计划用水率不低于90%。建立用水单位重点监控名录，强化用水监控管理。	全市用水量排名前10位（地级市）或前5位（县级市）的主要行业有省级相关部门制定的用水定额，得2分，每缺少一项行业用水定额扣0.25分。	8
			公共供水的非居民用水实行计划用水与定额管理，核定用水计划科学合理，计划用水率达90%以上，得3分，每低5%扣0.5分。	
			有超定额累进加价具体实施办法或细则并实施，得2分。	
			建立用水单位重点监控名录，有用水监控措施，得1分。	

序号	指标	考核内容（指标标准）	考核标准	分数
10	自备水管理	实行取水许可制度；严格自备水管理，自备水计划用水率不低于90%；城市公共供水管网覆盖范围内的自备井关停率达100%。在地下水超采区，禁止各类建设项目和服务业新增取用地下水。	取水许可手续完备，自备水实行计划开采和取用，得1分。	5
			自备水计划用水率达90%以上，得1分。	
			城市公共供水管网覆盖范围内的自备井关停率达100%得2分，每低5%扣0.5分。	
			在地下水超采区，连续两年无各类建设项目和服务业新增取用地下水，得1分，有新增取水的，不得分。	
11	节水"三同时"管理	使用公共供水和自备水的新建、改建、扩建工程项目，均必须配套建设节水设施和使用节水型器具，并与主体工程同时设计、同时施工，同时投入使用。	有市有关部门联合下发的对新建、改建、扩建工程项目节水设施"三同时"管理的文件，得1分。	5
			有"三同时"制度的实施程序，得1分。	
			考核年限内，有市有关部门对节水设施项目审核、竣工验收资料，或者有关工程建设审批、管理环节有城市节水部门出具的"三同时"审核意见，得3分。	
12	价格管理	取用地表水和地下水，均应征收水资源费（税）、污水处理费；水资源费（税）征收率不低于95%，污水处理费（含自备水）收缴率不低于95%，收费标准不低于国家或地方标准。有限制特种行业用水、鼓励使用再生水的价格指导意见或标准。建立供水企业水价调整成本公开和定价成本监审公开制度。居民用水实行阶梯水价。	考核年限内，水资源费（税）征收率不低于95%得2分，每低2%扣1分。	10
			考核年限内，全面征收污水处理费，污水处理费（含自备水）收缴率不低于95%，得3分，每低5%扣1分。	
			污水处理费收费标准不低于国家或地方标准，得1分。	
			加强特种行业用水管理，有特种行业价格指导意见或价格标准，得1分。	
			鼓励使用再生水，有再生水价格指导意见或价格标准，得1分。	
			实施水价调整成本公开和定价成本监审公开制度，得1分。	
			居民用水实行阶梯水价，得1分。	

附表3　技术考核指标评分表

分类	序号	指标	考核内容（指标标准）	评分标准	分数
综合节水	13	万元地区生产总值（GDP）用水量（m³/万元）	低于全国平均值的40%或年降低率≥5%。	考核年限内，达到标准得4分，未达标准不得分。	4
	14	城市非常规水资源利用	京津冀区域，再生水利用率≥30%；缺水城市，再生水利用率≥20%；其他地区，城市非常规水资源替代率≥20%或年增长率≥5%。	考核年限内，达到标准得6分。每低5%或增长率每低1%扣1分。高出标准的，每增加5%加0.5分，最高加1分。	6
	15	城市供水管网漏损率	制定供水管网漏损控制计划，通过实施供水管网分区计量管理、老旧管网改造等措施控制管网漏损。城市公共供水管网漏损率≤10%。	制定供水管网漏损控制计划，实施供水管网分区计量管理，推进老旧管网改造，得2分。	6
				考核年限内，城市公共供水管网漏损率达到标准得4分；每超标准1%扣0.5分，每低0.5%加0.5分，最高加1分。	
生活节水	16	节水型居民小区覆盖率	≥10%	考核年限内，达到标准得3分，每低1%扣0.5分。	3
	17	节水型单位覆盖率	≥10%	考核年限内，达到标准得3分，每低1%扣0.5分。	3
	18	城市居民生活用水量[L/（人·日）]	不高于《城市居民生活用水量标准》（GB/T 50331）的指标。	超过《城市居民生活用水量标准》（GB/T 50331）的不得分。	2
	19	节水器具普及	禁止生产、销售不符合节水标准的用水器具；定期开展用水器具检查，生活用水器具市场抽检覆盖率达80%以上，市场抽检在售用水器具中节水型器具占比100%；公共建筑节水型器具普及率达100%。鼓励居民家庭淘汰和更换非节水型器具。	考核年限内，地方节水部门联合工商、质检等部门对生活用水器具市场进行抽检，生活用水器具市场抽检覆盖率达80%以上，得1分，每低10%扣0.25分。	5
				考核年限内，生活用水器具市场在售用水器具中，节水型器具占比达100%（按抽检计）得1分；有销售淘汰用水器具和非节水型器具的本项指标5分全部扣除；随机抽检1家建材商店，发现销售淘汰用水器具和非节水型器具的，本项指标5分全部扣除。	
				考核年限内，对用水量排名前10的公共建筑用水单位进行抽检得1分。	

分类	序号	指标	考核内容（指标标准）	评分标准	分数
生活节水	19	节水型器具普及	禁止生产、销售不符合节水标准的用水器具；定期开展用水器具检查，生活用水器具市场抽检覆盖率达80%以上，市场抽检在售用水器具中节水型器具占比100%；公共建筑节水型器具普及率达100%。鼓励居民家庭淘汰和更换非节水型器具。	考核年限内，用水量排名前10的公共建筑节水型器具普及率达100%（按抽检计），得1分；有使用淘汰用水器具和非节水型器具的本分项指标不得分。	5
				有鼓励居民家庭淘汰和更换非节水型器具的政策和措施，得1分。	
	20	特种行业用水计量收费率	达到100%。	考核年限内，达到标准得2分，每低5%扣0.5分。	2
工业节水	21	万元工业增加值用水量（立方米/万元）	低于全国平均值的50%或年降低率≥5%。	考核年限内，达到标准得4分，未达标准的不得分。	4
	22	工业用水重复利用率	≥83%（不含电厂）。	考核年限内，达到标准得4分，每低5%扣1分。	4
	23	工业企业单位产品用水量	不大于国家发布的GB/T 18916定额系列标准或省级部门制定的地方定额。	考核年限内，达到标准得3分，每有一个行业取水指标超过定额扣1分。	3
	24	节水型企业覆盖率	≥15%	考核年限内，达到标准得2分，每低2%扣0.5分。	2
环境生态节水	25	城市水环境质量	城市水环境质量达标率为100%，建成区范围内无黑臭水体，城市集中式饮用水水源水质达标。	考核年限内，城市水环境质量达标率为100%得2分，每低5%扣0.5分。	6
				建成区范围内无黑臭水体得2分，有黑臭水体的分项指标不得分。	
				城市集中式饮用水水源水质达标得2分，未达标准不得分。	

注：1. 考核总分为100分。其中，基础管理指标50分；技术考核指标50分。

　　2. 技术考核指标包括：综合节水考核指标16分，生活节水考核指标15分，工业节水考核指标13分，环境生态节水6分。

　　3. 综合节水考核指标中有2个加分项，最高各加1分。

　　4. 评分表中涉及扣分的，除特殊说明外，均为对应分项指标的分值扣完为止。

附录 2

国家节水型城市现场考核报告

附录 2-1 是工业企业填报的"现场考核记录表",适应于全部工业企业。

附录 2-1 _____市现场考核记录表(工业企业)　　　　　　(共___份,此份编号:_____)

现场考核单位名称		法人代表	
是否为省级 节水型企业		获称号时间	
节水管理部门		负责人	
联系电话		企业节水管理人员数	
主要产品及产量		取水量定额标准	
		单位产品取水量	

近两年用水定额或 计划用水额度 (万 m³)	年	年	近两年用水量 (万 m³)	年	年

水重复利用率(%)		其他需要注明的指标	
主要节水措施			

附录 2-2 是公共服务单位填报的"现场考核记录表"，适应于全部公共服务单位，如机关、宾馆、酒店等。

附录 2-2 _____ 市现场考核记录表（公共服务单位）　　　　　　（共___份，此份编号：_____）

现场考核单位名称			法人代表		
是否为省级节水型单位			获称号时间		
节水管理部门			负责人及电话		
节水器具普及情况	总节水器具数目			节水器具普及率（%）：	
	抽查器具总数				
冷却水循环利用率（%）			人均生活用水量[L/（人·日）]		
近两年用水定额或计划用水指标（万 m³）	年	年	近两年用水量（万 m³）	年	年
主要用水部位					
主要节水措施					

附录 2-3 是居民小区填报的"现场考核记录表"，适应于全部居民小区。

附录 2-3 _____ 市现场考核记录表（居民小区） （共____份，此份编号：_____）

现场考核小区名称		物业管理单位	
是否为省级节水型小区		获称号时间	
节水管理部门		负责人及电话	
小区居民总户数		居民总人口	
近两年小区居民家庭用水总量（万 m³）		本小区居民人均生活用水量	
		按 GB/T 50331 核定的该市居民生活用水量	
本小区节水器具普及情况	总节水器具数目		节水器具普及率（%）：
	抽查器具总数		
主要节水措施			

附录 2-4 是各类水厂或水源地填报的"现场考核记录表"，适应于各类水厂或水源地。

附录 2-4 _____ 市现场考核记录表（各类水厂或水源地） （共____份，此份编号：_____）

现场考核单位名称		法人代表	
水厂现场代表		联系电话	
设计规模（万 m³/d）		目前运行规模（万 m³/d）	
主要进水水质指标			
主要出水水质指标			
主要处理工艺			
再生水用途			
其他需要注明的事项			

附录 2-5 是建材市场、商店填报的"现场考核记录表",适应于全部建材市场、商店。

附录 2-5 _____ 市现场考核记录表（建材市场、商店）　　　　（共___份,此份编号：_____ ）

现场考核市场、商店名称		地址	
管理节水工作的部门		负责人及电话	
出售的主要用水器具种类及品牌			
抽检的用水器具品牌及件数		其中节水型的用水器具件数	
发现的非节水型器具品牌及件数			

附录 2-6 是城市河湖填报的"现场考核记录表",适应于全部城市河湖。

附录 2-6 _____ 市现场考核记录表（城市河湖）　　　　（共___份,此份编号：_____ ）

现场考核河湖名称		具体方位	
河湖所属管理部门		负责人及电话	
是否属黑臭水体		□河面无大面积漂浮物,河岸无垃圾 □无违法排污口,旱天无污水溢流 □水体无明显异味或异常颜色,无翻泥等现场	
现场考核内容摘要			

附录 3

关于国家节水型城市节水数据报送工作的通知

（建城水函〔2013〕21 号）

各省、自治区住房和城乡建设厅，海南省水务厅，北京市、天津市、上海市水务局，重庆市市政管理委员会，新疆生产建设兵团建设局：

为贯彻住房城乡建设部、国家发展改革委《关于印发〈国家节水型城市申报与考核办法〉和〈国家节水型城市考核标准〉的通知》（建城〔2012〕57 号），加强对国家节水型城市的动态管理，规范城市节水工作数据报送工作。现将事项通知如下：

一、充分认识数据报送工作的重要性

加强城市节水数据统计分析，有利于通过资料积累和动态对比分析，掌握城市用水节水的规律和准确把握城市节水工作重点，为政府制定和完善相关政策提供依据。同时，城市节水数据报送是加强国家节水型城市动态管理的重要手段，历年数据报送情况也将作为国家节水型城市复查工作的重要依据。为此，各地要高度重视，建立长效机制，切实做好城市节水数据统计和报送工作。

二、报送内容

（一）城市节水工作数据。城市节水工作数据是指《国家节水型城市考核标准》涉及的 27 项考核指标（其中，24 项为必填项，3 项为选填项，见附表 1 "指标汇总表"）。

为指导完成"指标汇总表"填报，我们根据数据间的逻辑关系，编制了"基础数据表"（附表 2）。完成"基础数据表"后，"指标汇总表"自动计算生成。

（二）工作总结报告。工作总结报告主要包括近两年来开展的主要工作及成效，报告应简明扼要，突出重点，并附上年度城市节水工作数据。

三、有关要求

（一）城市节水工作数据应当每年上报上一年度数据，其中，纸版材料仅需报送盖章的附表 1，电子版需同时报送附表 1、2。为便于校核和统计分析，表格锁定了格式，请勿擅自更改，特殊情况请按说明进行必要的备注。

（二）工作总结报告每两年（奇数年）上报，包括电子版和纸版。复查年（奇数年）应按要求申报复查，工作总结报告也应一并上报。

（三）各地要加强领导，组织做好信息的收集、汇总及审核工作，安排熟悉情况的专人负责城市节水工作数据填报，确保上报资料的真实性和可靠性。

（四）上报材料截止日期为当年的 6 月 30 日，特殊情况不得超过 8 月 30 日。依据

《国家节水型城市申报与考核办法》规定，连续两次不按期上报城市节水工作数据或工作总结报告的城市，撤消国家节水型城市称号。

纸版材料请邮寄到我司，电子版请发到以下指定邮箱。

电　话：010-58933821，58934352（兼传真）

地　址：北京市海淀区三里河路9号住房城乡建设部城建司，100835

邮　箱：gjjsxcsgl@163.com

附　表：1.＿＿＿年度＿＿＿市节水型城市考核指标汇总表

　　　　2.＿＿＿年度＿＿＿市节水基础数据表

（附表电子版请登录126邮箱下载，网址：http：//126.com，用户名：gjjsxcs@126.com，密码：jieshui2012。）

住房城乡建设部城市建设司
2013年2月4日

附录 4

历年国家节水型城市名单（已命名的九批国家节水型城市）

地域	合计	第一批 20021018	第二批 20050221	第三批 20070312	第四批 20090323	第五批 20110526	第六批 20130416	第七批 20150212	第八批 20170309	第九批 20190311
北京市	1	北京								
上海市	1	上海								
天津市	1		天津							
河北省	4	唐山		廊坊						石家庄、沧州
山西省	1	太原								
辽宁省	2	大连			沈阳					
江苏省	22	徐州	扬州	张家港、昆山	南京、无锡、吴江	镇江、江阴、苏州、常熟、太仓	宜兴	常州、金坛、连云港、宿迁	南通、如皋、淮安	溧阳、东台
浙江省	10	杭州	绍兴	宁波		舟山、嘉兴	长兴	诸暨	金华	湖州、衢州
安徽省	7		合肥		黄山		池州		六安	蚌埠、宿州、宣城
福建省	2				厦门					泉州
山东省	21	济南、青岛	烟台、威海	潍坊、东营、日照、海阳、蓬莱	寿光、胶南	泰安、龙口、文登		青州、肥城	新泰、乳山	淄博、安丘、滨州
河南省	3	郑州				济源	许昌			
湖北省	3				武汉	黄石				宜昌

续表

地域	合计	第一批 20021018	第二批 20050221	第三批 20070312	第四批 20090323	第五批 20110526	第六批 20130416	第七批 20150212	第八批 20170309	第九批 20190311
湖南省	2					常德			郴州	
广东省	2					深圳			珠海	
广西区	4			桂林			南宁、北海			北流
海南省	1		海口							
四川省	3		成都		绵阳					遂宁
贵州省	2					贵阳				凯里
云南省	4					昆明	安宁	丽江	玉溪市	
陕西省	1				宝鸡					
宁夏区	1			银川						
新疆	2					乌鲁木齐				克拉玛依
小计	100	10	8	11	11	17	7	8	10	18

参考文献

［1］国家发展改革委、科技部、水利部、建设部、农业部 2005 年 第 17 号，中国节水技术政策大纲.

［2］发改环资〔2016〕2259 号，全民节水行动计划.

［3］建城函〔2016〕251 号，城镇节水工作指南.

［4］建规〔2016〕50 号，海绵城市专项规划编制暂行规定.

［5］国办发〔2015〕75 号，国务院办公厅关于推进海绵城市建设指导意见.

［6］中华人民共和国国家质量监督检验检疫总局，中国国家标准化管理委员会．企业水平衡测试通则：GB/T 12452—2008［S］．北京：中国标准出版社，2008.

［7］中华人民共和国住房和城乡建设部．城市节水评价标准：GB/T 51083—2015［S］．北京：中国建筑工业出版社，2015.

［8］中华人民共和国住房和城乡建设部．城镇供水管网漏损控制及评定标准：CJJ 92—2016［S］．北京：中国建筑工业出版社，2017.

［9］中华人民共和国国家质量监督检验检疫总局，中国国家标准化管理委员会．企业用水统计通则：GB/T 26719—2011［S］．北京：中国标准出版社，2011.

［10］国家市场监督管理总局，国家标准化管理委员会．节水型企业评价导则：GB/T 7119—2018［S］．北京：中国标准出版社，2019.

［11］国家市场监督管理总局，国家标准化管理委员会．城市污水再生利用景观环境用水水质：GB/T 18921—2019［S］．北京：中国标准出版社，2019.

［12］中华人民共和国国家质量监督检验检疫总局．城市污水再生利用城市杂用水水质：GB/T 18920—2002［S］．北京：中国标准出版社，2003.

［13］中华人民共和国国家质量监督检验检疫总局，中国国家标准化管理委员会．城市污水再生利用工业用水水质：GB/T 19923—2005［S］．北京：中国标准出版社，2005.

［14］中华人民共和国国家质量监督检验检疫总局，中国国家标准化管理委员会．城市污水再生利用农业灌溉用水水质：GB 20922—2007［S］．北京：中国标准出版社，2007.

［15］建设部城市建设司．城市居民生活用水量标准：GB/T 50331—2002［S］．北京：中国建筑工业出版社，2002.

［16］中华人民共和国住房和城乡建设部．民用建筑节水设计标准：GB 50555—2010［S］．北京：中国建筑工业出版社，2010.

［17］中华人民共和国住房和城乡建设部．建筑与小区雨水控制及利用工程技术规范：GB 50400—2016［S］．北京：中国建筑工业出版社，2017.

［18］国家环境保护总局，国家质量监督检验检疫总局．地表水环境质量标准：GB 3838—2002［S］．北京：中国环境科学出版社，2002.

［19］中华人民共和国国家质量监督检验检疫总局，中国国家标准化管理委员会．工业企业产品取水定额编制通则：GB/T 18820—2011［S］．北京：中国标准出版社，2011.

［20］中华人民共和国住房和城乡建设部．节水型生活用水器具：CJ/T 164—2014［S］．北京：中国标准出版社，2014.

［21］中华人民共和国国家质量监督检验检疫总局，中国国家标准化管理委员会．取水定额 第 1 部分：

火力发电：GB/T 18916.1—2012［S］．北京：中国标准出版社，2013.

［22］中华人民共和国国家质量监督检验检疫总局，中国国家标准化管理委员会．取水定额 第2部分：钢铁联合企业：GB/T 18916.2—2012［S］．北京：中国标准出版社，2013.

［23］中华人民共和国国家质量监督检验检疫总局，中国国家标准化管理委员会．取水定额 第3部分：石油炼制：GB/T 18916.3—2012［S］．北京：中国标准出版社，2013.

［24］中华人民共和国国家质量监督检验检疫总局，中国国家标准化管理委员会．取水定额 第4部分：纺织染整产品：GB/T 18916.4—2012［S］．北京：中国标准出版社，2013.

［25］中华人民共和国国家质量监督检验检疫总局，中国国家标准化管理委员会．取水定额 第5部分：造纸产品：GB/T 18916.5—2012［S］．北京：中国标准出版社，2013.

［26］中华人民共和国国家质量监督检验检疫总局，中国国家标准化管理委员会．取水定额 第6部分：啤酒制造：GB/T 18916.6—2012［S］．北京：中国标准出版社，2013.

［27］中华人民共和国国家质量监督检验检疫总局，中国国家标准化管理委员会．取水定额 第7部分：酒精制造：GB/T 18916.7—2014［S］．北京：中国标准出版社，2014.

［28］中华人民共和国国家质量监督检验检疫总局，中国国家标准化管理委员会．取水定额 第8部分：合成氨：GB/T 18916.8—2017［S］．北京：中国标准出版社，2017.

［29］中华人民共和国国家质量监督检验检疫总局，中国国家标准化管理委员会．取水定额 第9部分：味精制造：GB/T 18916.9—2014［S］．北京：中国标准出版社，2014.

［30］中华人民共和国国家质量监督检验检疫总局，中国国家标准化管理委员会．取水定额 第10部分：医药产品：GB/T 18916.10—2006［S］．北京：中国标准出版社，2007.

［31］中华人民共和国国家质量监督检验检疫总局，中国国家标准化管理委员会．取水定额 第11部分：选煤：GB/T 18916.11—2012［S］．北京：中国标准出版社，2013.

［32］中华人民共和国国家质量监督检验检疫总局，中国国家标准化管理委员会．取水定额 第12部分：氧化铝生产：GB/T 18916.12—2012［S］．北京：中国标准出版社，2013.

［33］中华人民共和国国家质量监督检验检疫总局，中国国家标准化管理委员会．取水定额 第13部分：乙烯生产：GB/T 18916.13—2012［S］．北京：中国标准出版社，2013.

［34］中华人民共和国国家质量监督检验检疫总局，中国国家标准化管理委员会．取水定额 第14部分：毛纺织产品：GB/T 18916.14—2014［S］．北京：中国标准出版社，2014.

［35］中华人民共和国国家质量监督检验检疫总局，中国国家标准化管理委员会．取水定额 第15部分：白酒制造：GB/T 18916.15—2014［S］．北京：中国标准出版社，2014.

［36］中华人民共和国国家质量监督检验检疫总局，中国国家标准化管理委员会．取水定额 第16部分：电解铝生产：GB/T 18916.16—2014［S］．北京：中国标准出版社，2014.

［37］中华人民共和国国家质量监督检验检疫总局，中国国家标准化管理委员会．取水定额 第17部分：堆积型铝土矿生产：GB/T 18916.17—2016［S］．北京：中国标准出版社，2016.

［38］中华人民共和国国家质量监督检验检疫总局，中国国家标准化管理委员会．取水定额 第18部分：铜冶炼生产：GB/T 18916.18—2015［S］．北京：中国标准出版社，2016.

［39］中华人民共和国国家质量监督检验检疫总局，中国国家标准化管理委员会．取水定额 第19部分：铅冶炼生产：GB/T 18916.19—2015［S］．北京：中国标准出版社，2016.

［40］中华人民共和国国家质量监督检验检疫总局，中国国家标准化管理委员会．取水定额 第20部分：化纤长丝织造产品：GB/T 18916.20—2016［S］．北京：中国标准出版社，2017.

［41］中华人民共和国国家质量监督检验检疫总局，中国国家标准化管理委员会．取水定额 第21部分：真丝绸产品：GB/T 18916.21—2016［S］．北京：中国标准出版社，2017.

［42］中华人民共和国国家质量监督检验检疫总局，中国国家标准化管理委员会．取水定额 第22部分：淀粉糖制造：GB/T 18916.22—2016［S］．北京：中国标准出版社，2017.

[43] 中华人民共和国国家质量监督检验检疫总局，中国国家标准化管理委员会．取水定额 第 23 部分：柠檬酸制造：GB/T 18916.23—2015［S］．北京：中国标准出版社，2016.

[44] 中华人民共和国国家质量监督检验检疫总局，中国国家标准化管理委员会．取水定额 第 24 部分：麻纺织产品：GB/T 18916.24—2016［S］．北京：中国标准出版社，2017.

[45] 中华人民共和国国家质量监督检验检疫总局，中国国家标准化管理委员会．取水定额 第 25 部分：粘胶纤维产品：GB/T 18916.25—2016［S］．北京：中国标准出版社，2017.

[46] 中华人民共和国国家质量监督检验检疫总局，中国国家标准化管理委员会．取水定额 第 26 部分：纯碱：GB/T 18916.26—2017［S］．北京：中国标准出版社，2017.

[47] 中华人民共和国国家质量监督检验检疫总局，中国国家标准化管理委员会．取水定额 第 27 部分：尿素：GB/T 18916.27—2017［S］．北京：中国标准出版社，2017.

[48] 中华人民共和国国家质量监督检验检疫总局，中国国家标准化管理委员会．取水定额 第 28 部分：工业硫酸：GB/T 18916.28—2017［S］．北京：中国标准出版社，2017.

[49] 中华人民共和国国家质量监督检验检疫总局，中国国家标准化管理委员会．取水定额 第 29 部分：烧碱：GB/T 18916.29—2017［S］．北京：中国标准出版社，2017.

[50] 中华人民共和国国家质量监督检验检疫总局，中国国家标准化管理委员会．取水定额 第 30 部分：炼焦：GB/T 18916.30—2017［S］．北京：中国标准出版社，2017.

[51] 中华人民共和国国家质量监督检验检疫总局，中国国家标准化管理委员会．取水定额 第 31 部分：钢铁行业烧结/球团：GB/T 18916.31—2017［S］．北京：中国标准出版社，2017.

[52] 中华人民共和国国家质量监督检验检疫总局，中国国家标准化管理委员会．取水定额 第 32 部分：铁矿选矿：GB/T 18916.32—2017［S］．北京：中国标准出版社，2017.

[53] 中华人民共和国国家质量监督检验检疫总局，中国国家标准化管理委员会．取水定额 第 33 部分：煤间接液化：GB/T 18916.33—2018［S］．北京：中国标准出版社，2018.

[54] 中华人民共和国国家质量监督检验检疫总局，中国国家标准化管理委员会．取水定额 第 34 部分：煤炭直接液化：GB/T 18916.34—2018［S］．北京：中国标准出版社，2018.

[55] 中华人民共和国国家质量监督检验检疫总局，中国国家标准化管理委员会．取水定额 第 35 部分：煤制甲醇：GB/T 18916.35—2018［S］．北京：中国标准出版社，2018.

[56] 中华人民共和国国家质量监督检验检疫总局，中国国家标准化管理委员会．取水定额 第 36 部分：煤制乙二醇：GB/T 18916.36—2018［S］．北京：中国标准出版社，2018.

[57] 中华人民共和国国家质量监督检验检疫总局，中国国家标准化管理委员会．取水定额 第 37 部分：湿法磷酸：GB/T 18916.37—2018［S］．北京：中国标准出版社，2018.

[58] 中华人民共和国国家质量监督检验检疫总局，中国国家标准化管理委员会．取水定额 第 38 部分：聚氯乙烯：GB/T 18916.38—2018［S］．北京：中国标准出版社，2018.

[59] 中华人民共和国国家质量监督检验检疫总局，中国国家标准化管理委员会．取水定额 第 39 部分：煤制合成天然气：GB/T 18916.39—2019［S］．北京：中国标准出版社，2019.

[60] 中华人民共和国国家质量监督检验检疫总局，中国国家标准化管理委员会．取水定额 第 40 部分：船舶制造：GB/T 18916.40—2018［S］．北京：中国标准出版社，2018.

[61] 中华人民共和国国家质量监督检验检疫总局，中国国家标准化管理委员会．取水定额 第 41 部分：酵母制造：GB/T 18916.41—2019［S］．北京：中国标准出版社，2019.

[62] 中华人民共和国国家质量监督检验检疫总局，中国国家标准化管理委员会．取水定额 第 42 部分：黄酒制造：GB/T 18916.42—2019［S］．北京：中国标准出版社，2019.

[63] 中华人民共和国国家质量监督检验检疫总局，中国国家标准化管理委员会．取水定额 第 43 部分：离子型稀土矿冶炼分离生产：GB/T 18916.43—2019［S］．北京：中国标准出版社，2019.

[64] 中华人民共和国国家质量监督检验检疫总局，中国国家标准化管理委员会．取水定额 第 44 部

分：氨纶产品：GB/T 18916.44—2019 [S]．北京：中国标准出版社，2019.

[65] 中华人民共和国国家质量监督检验检疫总局，中国国家标准化管理委员会．取水定额 第 45 部分：再生涤纶产品：GB/T 18916.45—2019 [S]．北京：中国标准出版社，2019.

[66] 中华人民共和国国家质量监督检验检疫总局，中国国家标准化管理委员会．取水定额 第 46 部分：核电：GB/T 18916.46—2019 [S]．北京：中国标准出版社，2019.

[67] 中华人民共和国国家质量监督检验检疫总局，中国国家标准化管理委员会．用水单位水计量器具配备和管理通则：GB 24789—2009 [S]．北京：中国标准出版社，2010.

[68] 中华人民共和国住房和城乡建设部．海绵城市建设评价标准：GB/T 51345—2018 [S]．北京：中国建筑工业出版社，2019.

[69] 中华人民共和国国家质量监督检验检疫总局，中国国家标准化管理委员会．地下水质量标准：GB/T 14848—2017 [S]．北京：中国标准出版社，2017.